JN301181

有事法制とは何か

その史的検証と現段階

纐纈厚

インパクト出版会

はじめに――有事法制とは何か――

有事法制論議の背景

（有事）法制の整備について、もっとも望ましいのはすべての問題点を総合的に解決するため、国、政府の対応態勢の整備をはじめ、平常時から周辺事態さらに日本有事を的確に対応し得る綜合・一貫した法体系を確立し、必要な法制を整備することである。

自衛隊が任務を有効かつ円滑に遂行するための施策についての検討、すなわち有事法制の整備を急ぐ必要がある。これは、わが国への武力攻撃などに際し、自衛隊が文民統制の下で米軍と協力し適切に対処し、国民の生命・財産を守るために必要である。こうした法制化は、平時においてこそ、備えておくべきものであり、この際、政府の進めてきた有事法制研究を、新しい事態を含めた緊急事態法制として法制化に努める。

最初の文章は、自衛隊の隊友会機関誌『隊友』（一九九八年四月号）に掲載された自衛隊制服組のトップの地位にあった元統合幕僚会議議長・西本徹也の発言である。一九九九年七月二二日、同氏はさらに自由民主党内に設置された「危機管理プロジェクトチーム」（座長・元防衛庁長官額賀福志郎議員）の講演会でも日本国憲法に非常事態規定を盛り込むことを強調し、有事法制として〈危機管理法〉制定の緊急性を説いた。

そして、二つ目の文章は、財団法人日本国防協会編集の『安全保障』（二〇〇〇年一一月号）に掲載された自由民主党安全保障調査会長・久間章生（元防衛庁長官）の発言である。いまや、政府・自民党は、大ぴらに総合的かつ包括的な内容を盛り込んだ有事法制の制定意思を表明しているのである。

確かに、有事法制を求める声は財界にも根強い。経済同友会安全保障問題委員会は、「我が国自体の有事や緊急事態に備えた法制も速やかに整備することを求めたい。これなしには、我が国の安全保障の基本である国民の安全と生存そのものを、直接確保することすら困難と思われる」（『早急に取り組むべき我が国の安全保障上の四つの課題』一九九九年三月）と述べ、「国民」の安全と生存の確保を目的とする有事法制の整備を説いている。

しかしながら、ここで含意されているのは明らかに軍事レベルでの有事法制であって、非軍事レベルの有事や緊急事態への対応措置として検討されているのではない。大規模地震対策特別措置法（法律第七三号・一九七八年六月一五日）をはじめ、緊急災害など非軍事レベルの「有事」対処の法制は既に充分整備されており、母屋を重ねるような法整備は必ずしも必要はないのである。

ここでの本音は、牛尾治郎（前経済同友会代表幹事）の次の発言に集約されているのではないか。すなわち、「国際秩序ということになると、米国の場合、海外進出企業が地域紛争に巻き込まれても、空母を派遣すれば安泰かもしれない。しかし、日本の場合、現状のままだと、個別企業が天に祈るしかない」（安保研究会編『日本は安全か』）という箇所にである。つまり、今日の有事法制は、周辺事態法に象徴される新ガイドライン下における日米安保体制に適合した日米共同軍の構築という点に留まらず、日本独自の軍事行動をも射程に据えた措置でもあることを示唆しているのである。

冷戦の時代が終わり、世界レベルで脱軍事や軍縮が迫られている時代に、なぜ軍事体制の構築を目的とする有事法制の整備を急ぐのか。それは本来的に有事体制の構築を放棄した平和憲法の存在を否定するものではないのか。さらに、現在では例えば、〝国民非常事態法〟や〝米軍支援法〟の本格研究が押し進められ、早晩重大な政治争点として浮上してくるはずである。

国家緊急権

ところで、近代における立憲主義国家では、権力の分立と基本的人権の保障を統治の原則しており、国家権力の行使は憲法自体によって厳しく規制されるのが通常である。しかしながら、戦争・内乱・恐慌・災害などの緊急事態＝非常事態が発生した場合には、国家は分立した権力を集中化させ、憲法機能を一時的に停止させて緊急事態に対処する方法を適時採用してきた。緊急事態克服のため、国家が採用する緊急措置権を国家緊急権と称する。それはさらに既定の憲法に制度化されている場合（制度上の国家緊急権）と、制度化されていない場合（超憲法的国家緊急権）とに区別される。

本来、国家緊急権とは、「戦争、内乱、大規模自然災害等国家の維持・存続を脅かす重大な非常事態に際して、平常時の立憲主義的統治機構のままではこれに有効に対処しえないという場合に、執行権（政府・軍部）に特別の権限を付与または委任して特別の緊急措置をとりうるように国家的権力配置を移行する例外的な権能」（水島朝穂『現代軍事法制の研究』）を指すものである。

これまでの憲法学の分野では、日本国憲法における国家緊急権規定の欠如（沈黙）の意味をめぐり、国家緊急権の規定を欠いているのは憲法の欠陥とする説（欠陥説）、現行憲法が積極的にこれを排除・否認したものとする説（否認説）、現行憲法下でも国家緊急権の行使は可能とする説（容認説）などの諸説をめぐり議論が積み重ねられてきた。この説に従って整理すれば、戦後有事法制の研究とその実体化を推進する政府・防衛庁サイドの国家緊急権認識には、現行憲法の欠陥説と国家緊急権の容認説の両方が混在していると言える。

また、国家緊急権の歴史的・比較法的検討を行う場合には、緊急権制度の基本組織の性格を基準とした「類型」（①行政型＝行政権が平常時の制限を除去されて自由な活動を許される合囲状態〈戒厳〉、マーシャル・ローのタイプ、②立法型＝行政府に包括的な法規制定権を与える緊急命令権のタイプ、③混合型＝大統領独裁・戦時内閣など）と、法系を基準とした「系統」（ⅰコモン・

ロー諸国のマーシャル・ロー系統、ⅱ大陸諸国の合囲状態・戒厳系統）とに区別される（水島前掲書参照）。

それで、近代日本国家の形成から発展過程を経て、敗戦による戦前国家の解体期に至るまで、国家機構のうちに連綿として整備されてきたのが国家緊急権体制であり、それは多様な解釈を与えられて戦前期日本の重要な政治システムとして機能してきた。本書では、この国家緊急権を根拠に据えた緊急事態（非常事態）法制を「有事法制」の用語によって表すことにする。

そして、戦争遂行法としての有事法にとどまらず、国家体制を揺るがすような危機に対応し、その危機を克服するために平時から整備され現代的な意味における危機管理体制の枠組みを含め、有事体制と位置づけておく。戦前期における有事法制は、一貫して国内における国民への抑圧・監視機構と表裏一体の関係で立法化され、同時に治安法と相互補完的な位置づけがなされていたことを特徴としていた。

戦前戦後を繋ぐ有事法制

戦前期有事法の特質を整理する方法として、法体系という視点から以下の四類型に区分することが可能である。それは、第一に、「危機管理」「有事法」体系、第二に戦時における「軍政型」法体系、第三に平時における「危機」予防の法体系、第四に戦時における「行政の軍事化」のための法体系である。有事法制の歴史を概観すると、多様な発現の仕方があり、国内的国際的環境の変容に対応して、その役割期待も当然ながら転換していく。

そのような分類に従えば、第一の法体系は平戦時を越えて志向される有事法体系である。第二の法体系は文字通り戦争の発動を前提とするものであり、戦争体制構築の主要な一環として促進される。第三の法体系は平時の恒常的戦時化を意図して構想され、第四の法体系は国家機構の平時編制から戦時編制への転換を強行するために意図される。それで本書では、戦前期の有事法制を以上の四類型に区分して整理した。

このような有事法制の四類型は、戦後の有事法制研究にも継続されている。これらの四類型がただちに戦後有事法制研究に具現されたと結論づけるのは早計だが、明らかに戦後有事法制研究は戦前のそれを踏襲しつつ、検討され具体化されようとしている。戦前日本国家における有事法制は、敗戦による戦前国家の解体過程に伴い消滅するが、一九五〇年代に入ると同時に、あらたな有事法制の研究が防衛庁を中心に内密に開始されていたのである。

例えば、一九六五年二月一〇日、衆議院予算委員会の場において、「三矢研究」（一九六三年）の存在が暴露された。さらに、一九七八年九月二一日には有事法制の研究が公然化され、同年一一月二七日の日米防衛協力の指針（旧ガイドライン）から、一九九七年九月二三日の新日米防衛協力の指針（新ガイドライン）の日米合意に至る過程で、有事法制は研究の段階から制定の段階へと進み、一九九九年五月には、本格的な有事法として周辺事態法（施行は同年八月二五日）が成立する。

こうした戦後の有事法制の展開を、その内容と時代的特性とを考慮して、本書では、戦後の有事法制研究を三段階に区分して整理した。戦後有事法制の研究は、必ずしも直線的に進められたわけではないにせよ、その段階における有事法の内容を整理するとき、有事法制を基底で支える思想や位置づけの面で戦前期有事法制との共通項を多く指摘できる。戦後の有事法制研究や有事法案は、結局は戦前期有事法制と同質の課題設定を意図したものとしてあり、そこには軍事の論理が民主政体への戦後的転換のなかでも、驚くほど貫徹されているのである。

そこで、本書では以上のような問題意識と方法を念頭に据えながら、戦前期から現在に続く有事法制の変遷を概観し、その歴史的かつ政治的な位置確認を目的としている。同時に、明治近代国家の成立とほぼ同時に整備されていった広義の意味における有事法制の役割がどこにあり、どのような結果をもたらしたか、という点も主要な課題としている。言うならば、有事法制の史的検証を試みることで、その危険性を指摘し、露骨な軍事主義に貫ぬかれた今日に至る一連の有事法制に対し、反論の機会を創り出していく作業の一つとしたいと考えている。

この国は、いまや再び高度な軍事体制を敷き始めている。中央省庁改革関連法や地方分権一括法、さらには、国旗・国歌法など数多くの法整備の一連の成立を見るとき、新たな装いのなかで、極めて強制的な国民動員システムが構築されようとしていることがわかる。それが戦前の国民動員システムと全く同一とは思わないにしても、敗戦を挟んでもなお、その連続性と同質性に深い憂慮を抱かざるを得ない。

戒厳軍司令部の置かれた九段軍人会館

第一章 明治国家の有事・非常時対策を追う

1　明治国家の「危機管理」「有事」法体系

明治緊急権国家の成立

　戦前国家（＝明治国家）は成立以来、一貫した「緊急権国家」であり、文字通りの有事国家・緊張国家の体質を露呈し続けた。明治国家は、常に外圧の危機を設定することによって国内の有事（＝軍事）体制化に奔走し、国家機能の軍事化と国民の統制・監視体制とを強化していった。それと同時に、侵略戦争の発動と徹底した思想弾圧が繰り返された。つまり、外に向かっては侵略国家、内に向かっては治安弾圧国家という明治国家に刻印された国家体質が、日本を常に「非常時」（＝有事）状態に追い込んでいったのである。この作為された「非常事態」に対応し、明治国家は国家緊急権（Staatsnotrecht）を根拠に国家緊急権体制の整備に奔走する。

　このような意味での「非常事態」に対し、明治国家には、国家緊急権を発動せずとも全国に張りめぐらされた強力な警察機構が国民の監視と弾圧の態勢を整えており、さらに警察の背後には天皇の軍隊が治安出動態勢をも準備していたはずである。その上に敢えて国家緊急権をも用意したのは、国家自体の存在性・正統性が決定的な危機に陥った場合に迅速かつ圧倒的な権力によって、そのような危機を回避し、国家の目的を達成する合理的な根拠を重層的に用意していくためと考えられる。

ここで言う国家緊急権とは、①平常時の体制を維持したまま、事態に対応して制度の臨時的な機能強化を図るような場合、②立憲主義を一時停止して一定条件の下で独裁的な権力行使を認める場合、③極度の非常事態において、憲法の一切の枠や授権を越えて、非法の独裁措置を行う場合の三つに分類される。
①はドイツ系憲法に見られる緊急命令（Notverordnung）や緊急財政処分の制度、日本における参議院の緊急集会が例をして挙げられ、②はフランスにおける合囲状態（état de siège）や、ドイツ憲法の戒厳（Belagerungszustand）などの規定がこれに相当する。そして、明治憲法における第三一条の非常大権およびイギリスやアメリカのマーシャル・ロー（martial law）もこの範疇に入る。

明治憲法下の国家緊急権システム

大日本帝国憲法（以下、明治憲法と略す）下の国家緊急権システムは、戦争・内乱等の非常事態に対処し、軍隊・警察など物理的暴力装置の使用を前提とする戒厳（第一四条）および非常大権（第三一条）の規定と、非常事態の段階以前における非正常な状態において立法・財政上の例外措置を採り得るものとする緊急命令（第八条）および緊急財政処分（第七〇条）に関する規定に二分される。特に後者の第八条と第七〇条は「立法的緊急措置権」と称される。

さらに、明治憲法の第八条一項には、「天皇は公共の安全を保持し又は其の災厄を避くる為緊急の必要に由《よ》り帝国議会閉会の場合に於て法律に代るべき勅令を発す」と規定し、緊急事態が発生した場合に限り、天皇の大権発動による命令（勅令）を帝国議会の協賛を得ないで発することが出来るとした。これは「非正常」な状態という危機対処を目的とした天皇大権の発動だが、国家社会の安全確保の目的と「議会閉会」中という条件が課せられた応急的かつ臨時的措置として位置づけられる。

当然ながら、この勅令は次の帝国議会に提出される義務を負った。その帝国議会が不承諾の場合には、その効力を失効するものとされたのである（第八条二項）。つまり、緊急勅令の効力を暫定的限定的なものと位置づけ、明治憲法が前提とする立憲制の枠組みを根底から壊すものでないことを意味するとされた。しかし、現実には緊急勅令が既存の法律を廃止ないし変更する効力を持つとされる見解が憲法学説上の多数派を占めていた。

また、政府が勅令によって緊急財政処分を実施可能とする第七〇条についても、さらには、帝国議会の協賛を絶対要件としてきた財政事項の分野にも、政府が決定的な権限を確保するものであった。その第七〇条には、これに触れて「公共の安全を保持する為緊急の需要ある場合に於て内外の情形に因り政府は帝国議会を招集すること能《あた》はざるとき」と規定され、第八条の緊急勅令と同様に、帝国議会が閉会中に生起する「緊急の需要ある場合」という「非常事態」への対応として位置づけられ、次会の会議において承諾を得る条件が付されていたのである。

明治憲法体制下において、法律や予算は議会の協賛なくして成立することは不可能であったが、明治憲法は西欧型の議会と異なり、帝国議会の権能を極力制限するために天皇を「統治権の総覧者」として天皇に絶対的な権限を与えており、議会＝立法府に優越する政府＝行政権および天皇の存在を規定した基本原則を特徴とする。例えば、執行命令および警察命令の大権（第九条）、統帥《とうすい》大権（第一一条）、編制および常備兵額の大権（第一二条）、外交大権（第一三条）、戒厳宣告の大権（第一四条）、そして非常大権（第三一条）など、天皇の大権が分厚く用意されていたのである。

そのなかで、緊急命令や戒厳令、それに一回も発動されなかったが、戦時または国家事変の際に明治憲法第二章「臣民権利義務」の一部、または全部を停止する権限である非常大権などは、特に明治国家の緊急権システムの代表的な規定であった。

それで、緊急勅令の制定には、枢密院の諮詢を経ることが必要とされていた（枢密院官制第六条）。しかし、天皇制支配体制（＝国体）の牙城であった枢密院のチェックを受けること自体が緊急勅令の反議会主義、反立憲主義を明らかに示すものと言えた。立憲君主政体の主要な構成体のひとつである議会の統制力を極力排除するシステムの構築こそ、緊急権システムの目的であったのである。

有事法制としての統帥権独立制

緊急権国家としての一貫性を保持してきた明治国家は、国家機能の重要なひとつとして軍隊指揮権（＝統帥権）の内閣行政権および議会立法権からの独立（＝統帥権独立制）を明治憲法制定以前から準備していた。具体的には、一八七八（明治一一）年一二月、陸軍省から参謀本部が独立し、それまで太政官が保持していた軍隊指揮権を天皇が受け継ぐことになったのである。これは、天皇の統帥権保持による兵政分離の措置であった。

「天皇は陸海軍を統帥す」とする文言に規定された統帥権独立制は、軍隊の行動を国務大臣の外に置くことで政治の軍部介入を法的に遮断し、逆に緊急時・有事において自在に政治への介入を保証する制度として機能することになる。そこでは、「統帥権の本質は力にしてその作用は超法規的である」（陸軍大学『統帥綱領・統帥参考』一九三二年）と記されたように、統帥権独立制が最初から超憲法的な制度として緊急事態・有事に機能する意図が込められていたのである。その意味で統帥権独立制は、有事法制そのものの性質を持ったものであった。

本来、絶対主義の時代にあって兵権（＝武権）は国王の下に一元的に掌握されたが、イギリスの場合は一六八八年の二月議会（Convention Parliament）において権利宣言が可決された。また、同年一二月一六日に作成公表された「権利章典」の第六項において、「常備軍の徴募は又維持することは、議会の承諾を以てなされるのでなければ、法に反する」との規定が設られ、議会による軍隊＝兵権に対する統制管理が徹底された。これにより、議会（＝文権）優越の制度が確立していく歴史があった。このイギリスにおける文権優越という政治と軍事の関係が、アメリカの「独立宣言」やフランスの「人民及び市民の権利宣言」などにも受け継がれ、近代国家成立以降、欧米における兵政両権の関係は文権優越制度として恒常化する。

その一方で、ドイツ・プロイセンと日本の場合には、絶対君主政体が立憲君主政体に移行する過程で武権が議会によって掣肘《せいちゅう》・統制されないために、皇帝・天皇の権力の核心をなす軍隊の指揮権を意味する統帥権（Oberbefehl）を議会および政府から独立させることになった。

とりわけ、明治国家はその創設時の三職七科制において、軍政・軍令事項を担当する機関として海陸軍科を設置し、その長官である海陸軍総督に権限が統一的に保持され、海陸軍総督は太政官に直属したことから、三職八局制下の軍防事務局を嚆矢に、以来軍務官や兵部省など軍務・統帥を管掌する機関のうちに兵政両権が統一的に把握されていた。これに対し、欧米では兵政分離が実施された。ただし、ドイツ・プロイセンでは議会の軍隊への掣肘・統制を回避するために兵政分離が実行された経緯があった。

こうして明治国家は、その成立以降、一貫した〝緊急権国家〟としての性格を強めていき、文字通り有事国家・緊張国家としての歴史を歩み続けた。すなわち、明治国家は常に「外圧」の危機を設定し、その対応過程のなかで国内の有事体制化に奔走し続け、国家機能の軍事化と国民の統制と管理（監視）体制を敷いていったのである。絶え間ない侵略戦争の発動と徹底した思想弾圧の歴史事例が、そのことを克明に証明している。

ところで、国家緊急権には、既存憲法の臨時的解釈替え、憲法自体の一時停止、一切の法の停止による独裁的措置（超立法的独裁）など、いくつかの発現の仕方がある。そして、国家緊急権体制とは、一時的にせよ法治国家という形態を放棄し、通常の憲法運営の軌道を逸脱したうえで敢行される権力意志の全面的な展開を目的とする。そこでは権力意志が貫徹されるために、国民の基本的な人権は無視ないし軽視されることになる。

明治国家は強大な軍事力と警察力を備えた軍事警察国家ではあったが、国内的には絶えず深刻で解決不可能な矛盾や課題を背負った。そのためにも軍隊や警察など物理的な暴力的装置と同時に、矛盾を隠蔽し、その告発者たちを抑圧する国家緊急権システムという法的装置が不可欠であった。この国家緊急権システムこそ、国家運営上国家の基本構造となり、国家を支える屋台骨として機能する。

内閣の行政権と軍部の軍事権は、本来的には行政権に従属するが、この軍事権の優越性が明治国家の統治構造の決定的な特色として指摘されてきた。なかでも明治国家の後期、すなわち昭和初期の時代からは軍事権の優越性が顕著となってきた歴史過程がある。明治国家はイギリスに見い出せるような議会（立法権）の優越性が最初から前提とされていたケースと異なり、基本的には政府（行政権）と、これを支える官僚制の優位を保証する憲法体制であったのである。

軍事権優位の統治構造

危機管理・有事法制という点で言えば、明治国家の場合は、既存の統治構造内に軍事権やその制度的存在としての軍隊を国家の基幹的位置に据え置く体制を採用していたため、軍事権の行政権に対する優越が現実の政治過程で常態化する。「富国強兵」という明治国家のスローガンは、まさしくこの軍事権優位の統治構造を平易に表現したスローガンに他ならない。

また、軍部もその軍事権の優越性を縦横に用いて、国家権力の中核的存在とし、絶え間ない戦争発動による「非常事態」の喚起により、緊張国家日本の形成に向かうことになる。いわば「自作自演」的な軍部の政治手法は、結局のところ明治国家をして、世界史的にも類を見ない強度の危機管理・有事国家に押し上げていったのである。それで、統帥権独立制の目的は、明治国家の物理的暴力装置（＝軍隊）を議会や政府の統制から脱して、明治国家の国家緊急権システムとして機能させることにあった。

これに関連して、藤田嗣雄が、「統帥権の独立によって生ぜしめられるに至つた軍事憲法と政治憲法の対立」（藤田嗣雄『軍隊と自由』）と表現しているように、内閣職権（一八八五年一二月制定）および明治憲法（一八八九年五月制定）において、統帥権独立制の法的位置づけが確立され、軍隊指揮権に関わる軍事法が憲法体系のなかに固着されていくのである。そして、戦時状態において憲法に孕み込まれた軍事法が随意に発動して、藤田の言う「政治憲法」を凌駕する体制が進行することになる。その意味で、統帥権独立制とは、明治国家をして軍事国家へと押し上げていく主要な原動力であったと言えよう。

内閣職権は、太政官制度の廃止にともない制定され、新たに内閣制度が組織されたが、「内閣職権」で内閣総理大臣は各大臣の首班として国務一般を処理し、軍事に関するものは参謀本部長の、いわゆる単独上奏権を認め、軍事に関連する事項は内閣＝政府が直接には触れることのできない領域とされた。すなわち、内閣職権第六条には、「各省大臣は主任の事務に付時々状況を内閣総理大臣に報告すべし但事の軍機に係り参謀本部長より直に上奏するものと雖《いえど》も陸軍大臣は其事件を内閣総理大臣に報告すべし」と規定された通り、各省大臣は各管掌事項について内閣総理大臣に報告義務を課せられたが、「軍機」に関するものは例外とされた。「参謀本部長より直に上奏する」軍令事項は、内閣＝政府の統制外に置かれることが明記されたのである。

軍令権の政府からの独立は、明治憲法によっても確認されることになる。明治憲法において軍政に関わるのは、天皇の軍事大権とされる第一一条の「天皇は陸海軍を統帥す」と、第一二条の「天皇は陸海軍の編成及常備兵額を定む」の条項である。その明治憲法は大権中心主義を採用しており、天皇の大権と帝国議会との関係では大権を主とし、帝国議会を従とする関係に置かれた。それで、第一一条を軍令大権または統帥大権、第一二条を軍政大権または編成大権と称した。

このなかで軍令大権の行使は、憲法解釈の通説として明治憲法第五五条の輔弼《ほひつ》条項に属するものとされ、主に参謀本部長（後の参謀総長）と海軍軍令部長（後の軍令部総長）の帷幄《いあく》の補佐により施行されるとした。しかし、このなかで軍令事項と同様に国務上の重要事項とされた軍政事項に関しては、この限りではなく、他の一般国務事項と同様に取り扱われた。こうして、軍令事項だけが帝国議会の議決を経ることなく天皇の親裁によって決定される構造が形成されていったのである。

このような統帥権が、政府の権限から独立して天皇直属の参謀本部の権限とした経緯を追うと、その推進役であった桂太郎の証言などから統帥権独立制に踏み切る背景には、緊急避難的な措置としてあったことが知れる。統帥権独立制こそは、緊張国家・非常事態国家として創出された明治国家が、対外政策としての戦争発動、対内課題としての治安維持という最高目的を遂行していくうえで不可欠な制度であった。要するに、統帥権独立制とは、危機管理・非常事対応型の国家機構を整備していく過程で案出された制度でもあったのである。

2　戦時における「軍政型」法体系の確立

国民非武装化と非常事態政策

統帥権独立制による国家の独占的武装化と反対に、明治国家は国民の全面的非武装化を急務の課題としていた。その象徴的な政策が一八七六（明治九）年三月二八日の廃刀令（太政官第三八号布告）である。それは、議会による軍隊への統制の可能性を奪うばかりか、有事・非常時事態における国民武装の可能性をも阻み、権力との対等の関係を構築する前提を解除する政策でもあった。つまり、同時に近代国家の国民に保証されたはずの抵抗権・革命権行使のための物理的手段を奪うものでもあったのである。

一八八二（明治一五）年一二月、右大臣岩倉具視は「府県会中止意見書」のなかで、「蓋《けだ》し今日政府の頼て以て威権の重を為すものは海陸軍を一手に掌握し人民をして寸兵尺鉄を有せしめざるに因れり」と記した（岩倉公旧蹟保存会編『岩倉公実記』下巻）。国民の政治的社会的権利を保証する制度として構想されるべき軍隊統制への途を閉ざしたばかりか、国家により管理された国民と軍隊との関係の構築は、欧米諸国家に具現されたように、国家の危機を国民的な危機と捉えることで、国民自ら自発的かつ主体的に国家防衛に参画する国家防衛体制を敷き、国家防衛意識を高めていく可能性さえ削ぐことになったのである。

ところで、緊急命令に代表される立法的緊急措置権と異なり、戦争や内乱など「非常事態」への対処手段として、明治国家はその憲法に「非常大権」（第三一条）と「戒厳」（第一四条）の規定を設けた。この二つの条項は、いずれも武力組織の発動を前提とする点と、既存憲法を停止し、文字通り超憲法的措置として国家のいう「非常事態」への対処が強行された点とで同一の類型に属する。

「非常大権」は、「本章に掲げたる条規は戦時又は国家事変の場合に於て天皇大権の施行を妨ぐることなし」との規定により、「戦時又は国家事変」という非常事態に対する最高度の対処手段として規定された。美濃部達吉の憲法解釈では国家非常事態克服のために武力の発動を充て、その手段として軍隊の専制的権力を容認したもので、「戒厳」大権を規定した第一四条と相対応したものとする。

すなわち、第一四条は戒厳の原因を規定し、第三一条はその結果として軍隊の権能を容認したものとする見解である（小林直樹『国家緊急権』）。戦後歴史学研究のなかで、この戒厳規定について詳細に論じた大江志乃夫も、この美濃部の見解を大体において支持しており、第一四条と第三一条は重複規定としている（大江志乃夫『戒厳令』）。

しかしながら、こうした見解は当時にあっては少数派であり、国家主義者が多勢を占めていた当時の法曹界にあって、非常大権が戒厳をも越えた格別の規定とする解釈が有力であった。すなわち、

「非常大権」の行使が戒厳の効力に留まらず、非常事態に対応した法整備や自由の制限をも課し得るものとし、天皇の大権を施行して必要な措置を講じることになるとしたのである。

この場合、天皇大権のひとつして位置づけられる非常大権の発動により、天皇は全く法的拘束を受けることなく非常事態の内容に即し、自由裁量にて対応措置を断行できる権能を確保した。換言すれば、緊急勅令や戒厳の施行によっても解決不可能な高度な国家非常事態＝危機を克服するための規定であるとされたのである。

天皇の非常大権

「非常大権」が具体的にどのような形で発動されるかについては、明治憲法体制下においては一度も発動されなかったため、予測の域を出ない。言うならば〈伝家の宝刀〉的な位置を占め続け、国家的危機には緊急勅令や戒厳令により危機克服が強行されてきたのである。それが軍事大権の発動を主軸にしての危機対処か、あるいは非軍事的措置による危機克服策として想定されていたのかについて、これまで多様な議論が存在する。

ただし、明らかなことは「非常大権」の施行者として直接に天皇の存在が極めて大きく位置づけられ、そこから明治緊急権国家の本質である天皇専制体制がいつでも発動されるシステムが、超立法的緊急措置としても用意されていたことである。その意味で言えば、明治国家体制は二重の国家緊急権の発動システムを兼備した国家であったと言える。明治憲法体制下にあって、この「非常大権」が一度も発動されなかった理由は、国家総動員法の制定公布と密接な関連がある。また、明治国家体制下にあって、「非常大権」の位置を確定するうえで、「非常大権」の物理的装置である軍隊を天皇に直属させることになった統帥権独立制の位置は重要である。

このように、明治憲法制定以前における軍隊指揮権の定義づけ作業が進められる一方で、一八七六（明治九）年九月七日、明治天皇は元老院議長有栖川宮熾仁に憲法編纂を命じるが、これを契機として憲法制定要求運動が起きる。その一方で、明治政府主導による憲法制定作業が着手された。

そこで、憲法制定の主導権を握ったのは、先に国民非武装と非常事態対策の必要性を説いた岩倉具視であった。その岩倉は、一八八一（明治一四）年七月、憲法に関する建議を上奏し、これを受ける形で同年一〇月一二日、国会開設の勅諭が下った。ここに伊藤博文が海外における憲法調査と憲法草案の作成を命じられ、その過程で基本的人権の制限、有事における戒厳令の施行による国内の軍事的秩序の徹底、軍隊指揮権の天皇への独占的掌握といった明治憲法の基本的な性格づけが検討される。

西欧における立憲君主制国家では、君主と国民代表（議会）の二機関が国家を代表する二機関並立制、あるいは二元主義が採用されたが、日本の場合には天皇のみが国家を代表する一元主義が採用された。「統治権の総攬者」としての天皇の絶対的位置が確定されたのである。そのような天皇の位置を絶対的に保証していく装置として、軍隊の指揮権が天皇の独占に帰着することになったのは、以上の文脈からすれば当然の結果でもあった。

問題は軍隊が天皇制＝国家体制の骨格として位置づけられていく過程で、天皇の保有する「非常大権」が、この統帥権独立制によって担保されていったことであった。確かに明治憲法には、天皇の統帥権独立そのものを規定する条文は示されていないが、その後の政治過程において統帥権独立制は確実に強化されていったのである。

この点について、藤田嗣雄は既述の『軍隊と自由』のなかで、「明治憲法において、絶対主義及び立憲主義の対立を先鋭化させたものは、統帥権の独立である」と指摘した。それは、明治憲法第四条の「天皇は国の元首にして統治権を総攬し此の憲法の条規に依り之を行ふ」において、天皇を国家元首と規定することで天皇の絶対的な統治権を承認し、同時に後段で統治権が憲法の制約において施行されるとした点で、絶対主義と立憲主義の折衷が行われたとしている。その第四条に含意されたこの両義性は、明治憲法体制の主要な特徴であった。

また、欧米諸国と同質の近代国家創出の要請と同時に、日本はアジアに向けた戦争発動と、その結果生じるであろう国内矛盾の深まりに対応して、高度な治安警察国家の体制を整備していったが、統帥権独立制はそのために必要かつ不可欠な国家防衛システムとしても位置づけられた。その意味で統帥権独立制は、戦争国家日本と治安警察国家日本という国家機能を同時的に達成する制度であったと言える。これを全体として捉えた場合には、非常事態国家・緊張国家日本の構造的特徴として統帥権独立制が構想されたと見ることができる。

確かに、軍事権は本来、行政権に従属するものだが、軍事権の優越性が明治国家の統治構造の決定的な特徴と指摘されてきた。とりわけ、昭和初期の時代からは軍事権の優越性が顕著となった歴史がある。すなわち、明治国家は、イギリスに典型的であるような議会（立法権）の優越性が最初から前提とされていない統治構造のため、基本的には政府（行政権）と、これを支える官僚制が優位の位置を占めるに至った。明治国家は議会や政府が直接的には介入できないという意味で、文字通りの軍事国家としての特徴を発揮することになったのである。

戒厳令の制定

危機管理・有事体制を高度に敷く緊急権国家として、その実体を最もよく示す有事法制は戒厳令である。戒厳令の嚆矢は、当時明治国家の最高軍事指導者であった山県有朋が各鎮台《ちんだい》（師団の前身）司令官宛に送付した戒厳令布告（一八七七年二月九日）である。山県は鹿児島に下った西郷隆盛らの動きを警戒しつつ、これを封じ込めるためには、各鎮台の軍事力の使用と鎮台司令官の権限による地域警備および治安維持が急務だとしていた。ここには、有事対応措置として軍事指揮官に一切の独自判断と行動の権限を付与することと、秩序の回復と安定を物理的装置により獲得する戒厳令の原理原則が明解に強調されていた。

戒厳令制定の直接的な原型になったと思われるのは、陸軍省高等文官の職にあった西周《にしあまね》の戒厳条例案と、フランス第三共和制が一八四九年八月九日に制定した合囲状態に関する法律（Loi sur l'état de siège）、それにプロイセンが一八五一年六月四日に制定した戒厳に関する法律（Gesetzüber den Belagerungszustand）とされる。特にフランス（第三共和制）が生み出した合囲法（戒厳令）がプロイセンの合囲法として受け継がれ、ここで完成された非常法体系が日本の戒厳令という非常時法体系として成立したとされる。なかでも、プロイセンの戒厳令は憲法上の例外規定として成立したが、プロイセンに倣い明治国家の法体系の整備を目標に据えた日本の場合も、既述のように明治憲法のなかに戒厳令（第一四条）が盛り込まれることになる。

西周の戒厳条例案を受ける形で、陸軍省が戒厳令の草案を完成してその制定を上申したのは、一八八一（明治一四）年一月二八日であった。翌年の一八八二（明治一五）年六月二三日、参事院（議長伊藤博文）での審査を受け、内閣より元老院に下付され、七月に元老院における読会を経て、八月五日に戒厳令が制定（太政官布告第三六号）された。

その第一条には、「戒厳令は戦時若《もし》くは事変に際し兵備を以て全国若くは一地方を警戒するの法とす」と、その趣旨が明解に規定された。すなわち、非常事態対処の方法として戒厳宣告の対象地域における統治が、軍事力を統率する軍事官僚（軍司令官）の掌中に完全に置かれることになったのである。

また、西周の戒厳条例案では、戒厳の宣告主体者として「政府」が明記されていたのに対し、戒厳令では完全に「軍」に取って代わられていた。すなわち、第六条において、「軍団長師団長旅団長鎮台営所要塞司令官或は艦隊司令長官鎮守所長官若くは特命司令官は戒厳を宣告し得るの権ある」と規定された。第九・一〇条においても、戦闘地域においては軍司令官のほとんど無制限に近い状態で全権力が付与されることになっており、戒厳令下における軍の絶対的地位が確定されていたのである。

戒厳令の内容

戒厳が施行される対象地域は「臨戦地境」と「合囲地境」との二種類に分けられてきた。すなわち、第九条においては、「臨戦地境内に於て地方行政事務及ひ司法事務の軍事に関係ある事件を限り其他の司令官に管掌の権を委する者とす故に地方官地方裁判官及び検察官は其戒厳の布告若くは宣告ある時は速かに該司令官に就《つい》て其指揮を請《こ》ふ可《べ》し」とされた。

また、第一〇条においては、「合囲地境に於ては地方行政事務及び司法事務は其他の司令官に管掌の権を委する者とす故に地方官地方裁判官及び検察官は其戒厳の布告若くは宣告ある時は速かに該司令官に就て其指揮を請ふ可し」とそれぞれ規定された。つまり、戒厳状態が事実上軍隊による軍政の施行を意味したのである。

より具体的には、戒厳に関する事務は陸・海軍大臣の管理に置かれ、それは陸軍省官制第一一条四号において「戒厳、警備、防空及軍動員及人的動員の基本に関する事項」が、海軍省官制第八条九号には「戒厳及び防衛に関する事項」が定められていたのである。

参謀本部の設置により、戦時における軍令執行手続きに関して、「戦時に至り監軍中将若くは特命司令官をして一方の任も当たしむるに方ては親裁《しんさい》の軍令は直に之を監軍中将若くは特命司令官に下し帷幄と相通報して間断なからしむ」（参謀本部条例第八条）と規定し、作戦用兵の権限＝軍令権の発動は、「帷幄」（参謀本部）と直接軍隊を指揮する監軍中将・特命司令官（後の師団長）がこれを担うとされた。

参謀本部は太政官（政府）を経由せず、軍事を天皇の「親裁」をもって「独立」することが可能となり、参謀本部は政府の制約を受けることなく軍隊を動員・指揮することが法的に認められた。戒厳令は非常事態に対処するための法として制定されたが、その本質は国家の統治作用の大部分が軍事官僚や軍事機構に移行することを意味し、その結果として国民の権利自由の一部は軍司令官の任意において制限されることになる。戒厳令こそ、軍隊による専制政治を強行する法律であったのである。

戒厳令は、明治憲法においては天皇の大権事項に属するとされ（憲法第一四条一項）、「戒厳の要件及効力は法律を以《もっ》て」定める（同二項）と規定されが、新たな戒厳令は制定されないままであった。そのため既存の戒厳令（太政官布告第三六号・改正一八八六年勅令第七四号）が、敗戦後に廃止されるまで一貫してこれに代わるべき法律として機能していた。

ここでは天皇が戒厳を宣告し、それによって軍司令官が立法権と行政権を管掌するとしたが、「戦時若くは事変」という状態を前提として発動される戒厳を特に「軍事戒厳」とし、有事＝戦争事態への対処として位置づけられた。それは日清戦争時において、大本営が臨時設置された広島市・宇品《うじな》に宣告され、さらに日露戦争時には、長崎・佐世保・対馬・函館・台湾などに宣告された。

戒厳令には、そうした「軍事戒厳」とは別に「戦時若くは事変」でない場合にも宣告される場合があった。それは「軍事戒厳」と区別されて「行政戒厳」と称するもので、自然災害や警察力では対処不可能な国内で発生する「暴動」「騒乱」などへの対処を軍事力で鎮圧する場合に宣告されるものであった。例えば、日比谷焼打事件（一九〇五年九月六日）、関東大震災（一九二三年九月二日）、二・二六事件（一九三六年二月二六日）など多くの事例を見ることができる。ただし、これら「行政戒厳」は厳密な意味での戒厳令とは異なり、緊急勅令において戒厳令の一部を施行する形式を踏んだもので、「軍事戒厳」以上に「行政戒厳」の場合には、政府が事実上憲法の規制から外れて、その行政裁量権を飛躍的に拡大する傾向があった。

防諜ポスター一等当選作品

第二章
戦前期危機管理の実態を探る

1　明治初期の有事関連法

軍事機密保護法制の起点

広義の意味で明治初期の有事法制関連法については、軍事機密保護法の制定過程が重要な論点となる。その軍事秘密保護法制の変遷は、明治国家の軍事機構の改編過程と軌をひとつにしている。すなわち、明治政府は、一八六八（明治元）年一月一七日の三職七科制によって海陸軍科を設置し、次いで軍防事務局、軍務官、兵部省と軍事機関の名称を変更する毎に軍事機構を急ピッチで整備していった。

明治政府は御親兵《ごしんぺい》の設置、廃藩置県の断行、兵制統一など一連の政治・軍制改革と前後して、一八七一（明治四）年七月二八日には官制改革を実施し、兵部省陸軍条例にもとづいて兵部省職員令を施行した。これらによって兵部省内に「機務密謀に参画し、地図政誌を編輯し、並に間諜通報等を掌る」参謀局を設置する（松下芳男『明治軍制史論』下巻）。作戦用兵・軍令事項に関する特殊専任機関であった参謀局の設置を境に、明治国家の軍隊は作戦用兵の面でも実戦兵力としての体裁を整えていく。軍事機構と軍隊組織の拡充は、当然ながら軍事秘密事項の増加をもたらした。参謀局の主要な任務を「機密」の保持と「間諜通報」の実施に置いたのは、これらの軍事秘密事項を保護するためであった。

こうして明治国家は、一八九八（明治三一）年一一月に軍機保護法を成立させるまでにも実に様々な秘密保護法制を産み出してきた。その最初が、軍隊を構成する軍人・軍属を対象とし、軍隊内の管理強化を目的として一八七一（明治四）年八月に制定された海陸軍刑律である（翌年二月施行）。海陸軍刑律の第七〇条には軍事機密を漏洩し、軍情を発露する者、記号・暗号の類を開示して機密の図書を伝播する者などへの罰則規定が明記されていた。ただし、海陸軍刑律は、軍人・軍属のみを対象とし、一般国民に適用されるものではなかった。

次いで一八七三（明治六）年六月制定の布告第二〇六号改定律令には、「官司の密事を漏洩した者は最高刑で懲役一年を科す」ことを主旨とする条文を掲げ、軍事秘密に接触する機会の多い官僚の秘密保護義務を厳しく求めた。これは、明治政府が秘密保護への関心を高めていたことを示すものであった。海陸軍刑律は、その後一八八一（明治一四）年一一月に陸軍刑法（太政官布告第六九号）と海軍刑法（太政官布告第七〇号）とに分離され、前者が第五四条以下で後者が第六〇条以下と、それぞれ一層明確な軍事機密漏洩罪を盛り込むことになる。

秘密保護法制の変遷史

例えば、陸軍刑法には、「軍人敵を利する為土地道路の要害検夷を指示し若くは攻守の用に供す可き図書及び暗号記号を開示し其他軍機軍情を漏洩する者は死刑に処す」（第五四条）とか、「軍人敵の間諜を誘導助成し若くは敵を利する為め俘虜人を逃走せしめ及び劫奪《きょうだつ》する者は死刑に処す敵を利する為め音信を敵に通ずる者亦同じ」（第六一条）と明記されていた。また、「軍人職務に因《よ》り與《あずか》り知る所の軍事の機密を漏洩する者は三月以上三年以下の軽禁固に処し将校は剥官を付加す」（第一〇五条）と規定したが、一部の例外を除き主要な対象を軍人・軍属に限定していた。

続いて、一八八八（明治二一）年にも両刑法が改正され、軍事機密保護の適用範囲が一挙に拡大された。特に改正された陸軍刑法（法律第三号）には、「軍人敵を利する為土地道路の要害検夷を指示し若くは攻守の用に供す可き図書及び暗号記号を開示し若しくは秘密を要する兵器弾薬の製法其他軍機軍情を漏洩する者は死刑に処す」（第五四条）とか、あるいは「軍人敵の間諜を誘導助成し若くは敵を利する為め俘虜人を逃走せしめ及び劫奪する者は死刑に処す敵を利する為め音信を敵に通ずる者亦《また》同じ」（第六一条）と規定し、「秘密を要する兵器弾薬の製法」に関わる職工も、軍事機密に触れた場合には処分の対象とするとした。

そのことは、「軍人職務に因り與り知る所の軍事の機密を漏洩する者は三月以上三年以下の軽禁固に処し将校は剥官を付加す（第一〇五条）」との規定で一層明確にされていた。しかし、一部の例外を除き、その主要な対象を軍人・軍属に限定したものであることに変わりはなかった。

同年から開始された陸海軍刑律の改正は、軍当局が軍事秘密保護への関心を深めていくのとほぼ同時進行している。その一例として、一九二二（大正一一）年五月、陸地測量部が編集した『陸地測量部沿革誌』によれば、参謀本部の地図課において地図の作成・管理にあたって新たに「服務概則」を設け、その第三条で「地図課にありては機密に属するもの過多なるを以て課長はもっとも禁厳を加うべし」と記していた。この時すでに地図が軍事秘密の対象として認識されていたのである。

この背景には、当時参謀本部地図課長の木村信卿少佐が、六管鎮台や砲台の所在地を記入した日本地図を清国公使に漏洩した事件への教訓があったと思われる（『公文録』一八八一年）。同時にこの事件と前後して、プロシアを模範として軍事機構の整備を進めていた参謀本部では、フランス陸軍の影響で比較的自由な気風を残していた参謀本部内の空気を一掃し、対外戦争にも対応できる強力な軍事機構と軍隊組織を創りあげ、それらに軍事秘密のベールを覆い始めていた。これを機会に軍事機構と軍隊組織は、秘密主義の体質を身につけ始めていった。この意味で、同年の陸海軍刑律の改正は、秘密保護法制の変遷史にとっても重要な転換点となったのである。

強化される秘密保護対策

一八八九（明治二二）年七月に鎮守府条例（勅令第七二号）の制定に続き、一八九〇（明治二三）年には、軍港要件に関する件が制定された。それには、「軍港要港境内に所在の人民及出入する船舶は海軍大臣定むる所の軍港要港規則に従うべし」と規定され、これに従って佐世保軍港規則（海軍省令第一〇号）や呉軍港規則（海軍省令第一一号）など、全国の軍港に次々と軍港規則を設けていった。軍港規則は各軍港によって一律ではなく統一性を欠いたため、一九〇〇（明治三三）年に軍港要港規則として、その内容を整備統一することになった。これら軍港要港規則は、戦時・平時を問わず施行の対象としたことから、住民の日常生活を著しく圧迫し、様々の軍事負担を課す法律となった。

なかでも一八九九（明治三二）年七月に制定された要塞地帯法（法律第一〇五号）は、「要塞地帯とは国防の為建設したる諸般の防禦営造物の周囲の区域を云う」（第一条）と定義し、禁止・制限の項目において、「何人と雖《いえど》要塞司令官の許可を得るに非ざれは要塞地帯内水陸の形状を測量、撮影、模写、録取し又は要塞地帯内を航空することを得ず」（第七条）とか、「要塞司令官は要塞地帯内に入り兵備の状況其の他地形等観察する者と認めたるときは之を要塞地帯外に退去せしむることを得」（第八条）といった内容を明記している。罰則規定として、一年以下の懲役もしくは一一日以上の拘留または五〇円以下の罰金、あるいは二円以上の科料に処すとした。

この結果、軍事関係施設の近辺に居住する住民はもちろんのこと、広く国民も軍関連施設の秘密保護を口実として、軍事情報一般から隔離されていくことになる。翌年六月には同法の施行細目を明記した要塞地帯法施行規則が、陸軍省令および海軍省令として設けられた。ここには、「七　宅地内における築山、泉水等の新設変更　八　不可抗力に由り変更したる土地物件を原状に復する作業　九　深、幅各六尺を超える溝渠及排水、潅水の施設変更　十　竹木林の伐採」などが許可制とされ、軍事秘密保護という軍当局の要請により、国民生活は細部にわたって厳しい制約を受けることになる。

こうした広範にわたる秘密保護法制を施行するにあたり、政府は同年五月に内務大臣訓令の形式で、「要塞地帯法施行に関し要塞司令官と打合せ方の件」を全国の庁府県の長官宛に通牒した。そのなかで、「要塞地帯方に関しては便宜上要塞司令官より直接管轄警察署に打合せすべき筈に付警察官署に於いても疑義あるときは先以《まずもっ》て要塞司令官に打合わせ」ることとした。ここに、軍事施設の秘密保護を目的とした要塞司令官と軍事施設所在地の各警察署との密接な関係が成立していく。

これら軍刑法は日露戦争後、対露再戦に備える意味も含め、一九〇八（明治四一）年四月一〇日に全面改正される。このうち陸軍刑法第二七条の間諜《かんちょう》罪は戦時に限定されるとはしたものの、刑罰に死刑を規定して間諜対策の徹底を図ることになった。その内容は、「一　軍隊又は要塞、陣営、艦船、兵器、弾薬其の他軍用に供する場所、建造物其の他を敵国に交付すること　二　敵国の為に間諜を為し又は敵国の間諜をすること　三　軍事上の機密を敵国に漏泄すること（四、五は略）」というものであった。海軍刑法も第二二条にほぼ同様の内容があり、いずれも「第二編第一章　反乱の罪」の項に上記の内容が明記されていた。

もっとも間諜罪の規定は、すでに一八八二（明治一五）年一月一日に施行された刑法（太政官布告第三六号）において初見される。すなわち、同刑法の「第二章　国事に関する罪　第二節　外患に関する罪」の第一三一条には、「一　本国及び同盟国の軍情機密を敵国に漏泄し若しくは兵隊屯集地又は道路の検夷を敵国に通知したる者は無期流刑に処す　二　敵国の間諜を誘導し本国管内に入らしめ若しくは之れを蔵匿したる者亦《また》おなじ」と規定されていた。さらに、一九〇七（明治四〇）

年四月二四日に改正公布され、翌年一月一〇日より施行された刑法の第八五条にも同様の内容が明記された。刑罰に関しては「死刑又は無期若しくは五年以上」とし、最高刑が「死刑」に引き上げられた。それまでの最高刑が無期流刑であったことからも、日清・日露戦争を経るなかで軍当局者の間に間諜への関心が確実に強まり、対処方針を重視しようとする傾向を見てとることができる。

言論・出版規制開始と軍機保護法成立

こうした一方で、明治政府は言論・出版を対象とした秘密保護法制をも着々と準備していた。例えば、新聞には新聞紙印行条例（一八六九年二月）、出版物には出版条例及出版願書雛形（同年五月）を出発点に、以後種々の規制を加えていった。その後、新聞紙印行条例は、新聞紙発行条目（一八七三年一〇月）、さらに新聞紙条例（一八七五年六月）、出版条例及出版願書雛形は一八七二（明治五）年と一八七五（明治八）年にそれぞれ改正された。続いて、一八八七（明治二〇）年一二月には、新聞紙条例と出版条例とを改正して、新聞・出版物に対する内務大臣の発行頒布禁止権・発行禁止停止権が明記されることになった。新聞紙条例は一時行政官の発行停止権を削除したが、一九〇九（明治四二）年五月の新聞紙法では行政官の発行禁止停止処分を復活させている。

これを軍事機密保護の点から追うと、一八八三年（明治一六）四月の新聞紙条例の改正（太政官布告第一二号）から、陸軍卿・海軍卿に軍事関係記事掲載の可否に関する権限が与えられ、同条例の第三四条には、「陸軍卿海軍卿は特に命令を下して軍隊軍艦の進退及一般の軍事を記載することを禁することを得其禁を犯す者は三月以上三年以下の軽禁固に処し三〇円以上三百円以下の罰金を付加す」と規定された。さらに、同年に改正された出版条例にもほぼ同様の内容が追加され、一八八六（明治一九）年一二月の改正では、「軍事機密に関する事項を記載する文書図書を出版することを得ず」（第一八条）と規定された。

一八九三（明治二六）年四月に公布された出版法（法律第一五号）には、「外交軍事の他官庁の機密」に関する無許可出版の罰則規定が設けられ、同法第二一条には、「軍事機密に関する文書図書は当該官庁の許可を得るに非ざれは之れを出版することを得ず」と明記された。また、一八九七（明治三〇）年には新聞紙条令の第二二条を改正（法律第九条）し、「外務大臣陸軍大臣海軍大臣は特に命令を発して外交又は軍事に関する事項の記載を禁ずることを得」として、軍事秘密の範囲を外交事項まで拡大することになった。また、新聞紙条例に代わる新聞紙法（一九〇九年五月公布）にも、「陸軍大臣、海軍大臣及外務大臣は新聞紙に対する命令を以て軍事若しくは外交に関する事項の掲載を禁止又は制限することを得」（第二七条）と規定して、軍事秘密のなかに外交秘密も含まれるとする考えを定着させていった。

新聞紙条例が最初に適用されたのは、日本軍隊が最初に行なった本格的な対外戦争である日清戦争時においてであった。すなわち、一八九四（明治二七）年六月七日に明治政府は新聞紙条例にもとづき、陸軍省令第九号および海軍省令第三号を公布して、軍隊の進退、軍機・軍略に関する記事の新聞・雑誌への記載などを一切禁止する処置をとることにした。その根拠とされたのが、新聞紙条例（明治二〇年・勅令第七五号）第二二条の「陸軍大臣、海軍大臣は特に命令を発して、軍隊、軍艦の進退または軍機、軍略に関する事項の記載を禁止することを得」という条文であった。

この条文による処置が同日早くも適用され、「兵員の派遣、朝鮮への兵員を派遣する旨、我が政府より清国政府へ、昨夜通報せられたる由。その詳細は明日の本紙に譲る」との記事を掲載した『東京日日新聞』（一八九四年六月七日付）の号外に対し、内務省は警視総監園田安賢の名で「本日発行東京日日新聞第六七八八号付録は、治安を妨害するものと認め、自今発行停止の旨、内務大臣より達したるに付き、この旨相達す」という発行停止処分に踏み切ったのである。

これに加えて同年八月一日には、先の陸軍省令と海軍省令とを廃止して、原稿検閲の緊急勅令（勅令第一三四号）が出された。その内容は、「外交または軍事に関する事件を、新聞紙、雑誌及びその他の出版物に掲載せんとするときは、行政庁にその原稿を差し出して許可を受くべし」（『時事新聞』一八九四年八月三日付）というもので、罰則として一月以上二年以下の軽禁固または二〇円以上三〇〇円以下の罰金が科せられることになった。

このように、明治初期以来、軍事秘密保護法制が次々と作りあげられてはきたが、政府・軍事当局は、種々の点でそれら諸法制に満足していなかった。つまり、刑法、陸海軍刑法、新聞紙条例などにおける軍事秘密保護に関する条文が、原則として戦時のみに適用され、平時においては必ずしも有効に機能しなかったからである。

陸軍刑法と海軍刑法にしても軍人や軍属を対象としたもので、これを一般の国民に適用することは一部の例外を除き不可能であった。それで、政府・軍当局は一般国民を対象とし、同時に平時と戦時に関係なく適用可能な軍事秘密保護法の制定を急ぐことになる。また、ロシアとの戦争の可能性が高まるなか、増大する軍事秘密事項対策と軍事機構の再編強化および国内の軍事体制化とに対応する軍事秘密保護法の制定は、緊急の課題と位置づけられることになったのである。

こうした経緯を経て、一八九八（明治三一）年六月、第一二回帝国議会に軍機保護法案が提出された。しかし、この時は貴族院で同案の審議中に議会が解散したため審議未了となり、制定への動きは一時中断する。同年一二月に開催された第一三帝国議会に引き続き同案が提出され、若干の加筆修正が行われた末に、翌年七月一五日に法律第一〇〇号として裁可・公布される運びとなった。

相次ぐ秘密保護関連法

なお、軍機保護法の成立以後においても、対ロシア戦準備が進められる過程で、種々の秘密保護法の成立や改正が相次いだ。この時期の特徴は、国内軍事施設の秘密保護に特に主眼が置かれていたことである。その主なものを拾っておくことにする。

まず、軍機保護法成立と前後して、既述の通り要塞地帯法の制定に続き、一八九九年三月には、日本の国情探知・収集の目的のため日本の港への外国船の不法入港を禁止した船舶法（法律第四六号）が公布された。こうして、一九〇四（明治三七）年に入ると、日露開戦に先立ち軍備の充実と国内の臨戦体制化の進行に併行して、一段と厳しい秘密保護法制が準備されていくことになる。

同年一月には、海上における戦闘艦が情報・探知活動による制約を受けず行動できるよう規定した防禦《ぼうぎょ》海面令（勅令第一一号）を公布し、さらに同月には開戦をひかえ、戦闘準備に関する報道統制・規制を目的とする陸軍省令第一号を公布して、「新聞紙条例第二二条に依り当分の内軍隊の進退其の他軍機軍略に関する事項を新聞及雑誌に記載することを禁す但し予め陸軍大臣の許可を得たるものは此限に在らず」とした。海軍も同様の省令を公布したが、これらは戦争期間に限られ、実際翌年一二月二〇日を期して廃止された。また、軍機保護法は公布後、一九〇一（明治三四）年に台湾（勅令第一三三号）、一九〇七（明治四〇）年に樺太（勅令第二七五号）、一九〇八（明治四一）年に関東州（勅令第二二三号）、一九一三（大正二）年に朝鮮（勅令第二八三号）と、日本が領有した海外の植民地にも相次ぎ施行されることになった。

その他にも刑法の改正（一九〇七年月・法律第四五号）、陸軍刑法（一九〇八年・法律第四六号）と海軍刑法（一九〇八年・法律第四八号）の改正、新聞紙条例に代わる新聞紙法（一九〇九年五月・法律第四一号）の公布などが相次いだが、これらは基本的に旧法と大差なく、字句の加筆修正や条文の入れ替え程度のものでしかなかった。ただ、陸軍刑法では、軍事秘密保護に関し第二七条で、「左に記載したる行為を為したる者は死刑に処す」として、「一　敵国の為に間諜を為し又は敵の間諜を幇助《ほうじょ》すること　二　軍事上の機密を敵国に漏泄すること」（海軍刑法も全く同様）と規定している。

旧陸軍刑法では、「軍人敵の間諜を誘導助成隠匿し」（第六一条）の表現となっており、旧法では「間諜」の実行者を「敵の間諜」（外国人）の援助者としていた。しかし、新法での「間諜」実行者は、日本人を想定した規定となっている。外国人を「間諜」実行者として第一に警戒したことに変化はないが、同時に日本人が外国人と連絡を取り、「間諜」実行者として登場することへの政府・軍当局の警戒心は、日清戦争当時から当局が摘発したとされるスパイ事件によって一段と高まっていたのである。

このように一連の秘密保護法制は、大正期の軍機保護法の朝鮮施行や航空法（一九二一年・法律第五四号）の公布などを別とすれば、すでに明治期にその主な骨格ができあがっていたと言える。明治国家が戦争・軍事国家としての体裁を整えていくなかで、軍事秘密保護法制が整備され、国民を軍事関連情報から遮断する手立てが着々と用意されていたのである。

なかでも軍当局は、日清戦争後、急速に軍事情報に関する秘密主義を前面に出してくる。例えば、陸軍の平時兵力数は、それまで陸軍の平時編制を定めた陸軍定員令（一八九〇年一一月制定）によって明らかにされてきた。しかし、日露戦争準備のなかで軍備拡充が本格化すると、一八九四（明治二七）年一二月に陸軍定員令が廃止され、代わりに秘密取り扱いの陸軍平時編制が制定されることになった。この陸軍平時編制は勅令によるが公布する必要のないものとされ、陸軍兵力数はこれ以後しだいに秘密とされていくのである。

当時陸軍が平時編制を制定とした理由は、「凡《およ》そ軍政のことたる仮令《たとい》平時に属するものと雖も或る程度迄は内外に対して之か秘密を保たさる可からず且《か》つ今後将に拡張せんとする軍備の程度及組織の如き殊に秘密を要するの事項鮮からす然《しか》るに定員令付表として之を発布するときは到底秘密を保つを得ず」(陸軍省編『明治軍事史』下)というもので、軍備拡張政策の実施と秘密主義の徹底との関連が強く意識されていた。

有事体制の平時準備

世界的規模で戦われた第一次世界大戦（一九一四～一九一八年）は、それまでの戦争の在り方を大きく変える転換点となった。国家総力戦と呼ばれた新たな戦争形態の出現は、軍隊と軍隊の直接対決（＝武力戦）の比重を低下させ、軍事力だけでなく工業力・政治力・精神力など国家の総合力で勝敗が決定されるという、いわゆる国家総力戦論の考え方を広めていくことになる。

なかでも、大戦終了直後から日本陸軍内では、将来の戦争が一層徹底した国家総力戦として戦われると予測し、第一次世界大戦の教訓にもとづき、国家総力戦段階に適応した軍装備の近代化や軍需生産能力の強化を早急の課題にすべきだと説く革新的な軍事官僚が現れる。これら軍事官僚を中心に、国家総力戦を戦い抜くだけの強力な政治体制、いわゆる国家総力戦体制づくりを、今後一貫した日本の国家目標とするよう主張した勢力が、これ以後政府・軍内部での発言力を強めていく。

彼らは国家総力戦に備えて国民の思想的・精神的団結力の強化、長期戦に耐える国民の国防意識の昂揚、国家への忠誠心の深まりなど、軍事領域外の問題にまで関心を向けることになる。こうした新たな関心領域は、武力戦以外の平時における〈戦争〉という意味で思想戦と呼ばれることになった。思想戦を平時から準備するため、早くも一九二〇年代半ば以降、国家総力戦を想定した国防思想の宣伝普及が開始される。

この時期、国の内外では軍備縮小を求める世論が活発となり、軍拡を強行する軍当局への風当たりが強まっていた。これに加えて、経済の慢性的不況による生活条件の悪化を原因とした国内政治・社会状況の混乱は、国家総力戦準備を進めようとしていた軍当局者に深刻な危機感を与えていた。軍当局は昭和期に入り、これらの危機状況を打開するため、思想戦準備を口実とした国家総力戦体制づくりに本格的に乗り出すことになる。

例えば、陸軍省内に設置された国防思想普及委員会は、一九三〇（昭和五）年に「昭和五年度国防思想普及に関する計画」を作成して全軍に通牒し、各師団に国防宣伝費を配当して国防の宣伝普及に本腰を入れ始めていた（陸軍省『密大日記』一九三〇年第二冊）。さらに、陸軍当局は、一九三四（昭和九）年一〇月に陸軍省新聞班が作成した「国防の本義とその強化の提唱」（通称「陸軍パンフレット」）、翌年一月に陸軍省調査班が作成した「対内国策要綱案に関する研究」、一九三七（昭和一二）年二月に陸軍省新聞班が全国各師団に通牒した「時局宣伝計画」に代表される国防宣伝計画を、講演・新聞・ラジオ・映画などの方法によって実行に移そうとした。

また、林銑十郎内閣時代に内閣情報委員会が立案した「国民運動方策」に端を発する国民精神総動員運動は、一九三七（昭和一二）年八月二四日、近衛文麿内閣時に日中戦争の全面化に対応する国民思想動員運動へと引き継がれ、その規模を一段と拡大する方向にあった。これにもとづいて政府は、同年九月一三日に「国民精神総動員実施要綱」を発表した。それは、これより先の同月二日の閣議で決定された「支那事変に適用すべき国家総動員要綱」の主旨にしたがって作成された「国民教化運動方策」と、「時局に関する宣伝方策」の具体化として実施されたものであった。

「国民教化運動方策」は、「難局を打開し帝国の興隆を図る為、我尊厳なる国体に基き尽忠報国の精神を振起して之を日常の兼務生活の内に実践」するという国民精神総動員運動の主旨に沿って実施され、各省庁を含めて政府総掛かりで進められた運動であった（『偕行社記事』第七七六号・一九三九年五月）。ここで言う「尽忠報国の精神」とは、国家に絶対的な忠誠を尽くすことを意味した。その運動の目的は、天皇を頂点とする政治体制を無条件で受け入れる国民づくりにあった。要するに国防宣伝計画とは、国民に平時から有事意識を抱かせ、それを基盤に据えた有事体制の構築を目標として位置づけられていたのである。

思想戦対策の一環

こうした認識から、陸軍当局は諜報・防諜など秘密戦への関心を深めるところとなった。例えば、一九二五（大正一四）年一二月二二日に、参謀本部総務部長・阿部信行（後首相）の名で作成された「保安情報等に関する件」（陸軍省『密大日記』一九二六年第一冊）には、次のように記されていた。

諜報宣伝及謀略に関する基礎的研究及事変又は戦時に際する之か適切なる治安法に関する研究を更に徹底せしめ又我が国家の保安を脅威するか如き思想を実現せんとする勢力日に加はらんとす

る現況に於て詳に海外に於ける此の種思想と活動の状況を諜し国内に於ける反影を観察し他の部局当事者と連絡し事変又は戦時に於ける対策を確立するの基礎を提供す

国民の思想動向を踏まえ、日常の監視体制づくりに向けての基本方針が要約され、ここでは「事変又は戦時」を想定しての平時準備ということにあくまで重点が置かれていた。軍当局は国家総力戦を意識して諜報・防諜を重視し、この段階ではそれを一種の治安法規として見なしていたのである。

そして、二・二六事件（一九三九年）以後軍部勢力は政治的発言力を増大し、国内の軍事体制化を進める一方で、当時陸軍次官であった梅津美治郎が内閣書記官長の藤沼庄平宛に「国防上の機密保護に関する意見」（『公文雑纂』一九三六年六月二五日）を通牒していた。そのなかの「諜報活動の実相」の項では、「将来戦が武力戦のみならず思想戦、経済戦を生起し帝国の内外至る処是れ戦場たらざるなき状態を呈し軍部は勿論官民一致挙国一体を以て戦争に従事せざるべからざるは今更呶呶《どど》するの要なしと雖経済戦、思想戦に関する帝国の平時準備並訓練の未だ充分ならざるは否むべからざる事実なり」と指摘し、将来の国家総力戦に備えて思想戦・経済戦への平時準備の徹底こそ、文字通り国家総力をあげて取り組むべき課題としていたのである。

続けて、「将来戦に於ける勝利の要諦は武力を主掌する軍が平時より営々として戦争準備を怠らざるか如《ごと》く思想戦、経済戦を主掌する官民亦孜孜として之れが対策を考究準備し一朝有事の時一糸不乱各最大能力を発揮し以て敵国を覆滅するに在り」（同前）と記し、軍部が積極的に思想戦・経済戦の主導権を握り、国家総力戦体制づくりに向け軍部の政治力を一段と強化する考えのあることを新ためて強調していた。

国家総力戦体制づくりをスローガンとする軍部勢力の台頭と国内の軍事体制の進行といった政治状況を背景に、軍機保護法（一八九九年七月一五日公布）の全面的な改正案が第七〇回通常議会（一九三六年一二月二六日開会）に提出された。同法改正案が国家総力戦準備の延長上に発案された法案であったことは、政府・軍当局者の提案理由説明で明らかであった（詳しくは纐纈厚『防諜政策と民衆』Ⅰの2を参照）。

さて、軍機保護法改正案は、一九三七（昭和一二）年一月二一日に再開された第七〇回通常議会に提出されたが、林銑十郎内閣が同年三月三一日の予算成立後に、唐突にも衆議院を解散したため一端見送りとなる。林内閣総辞職の後を受けて成立した第一次近衛文麿内閣期に日中全面戦争が開始され、国内の軍事体制化が一挙に促進されるなかで、同法の改正案が七月二五日に開会された第七一回特別議会の貴族院に再度提出された。

日中全面戦争のなかで、改正案の緊急性が説かれた結果、貴族院での審議はわずか五日後の七月三〇日に修了し、法案が可決された。次いで衆議院でも八月七日に可決・成立するという異例のスピード審議となった。こうして、八月一四日には法律第七二号として全面改正された軍機保護法が公布され、一〇月一〇日より施行される運びとなった。

2　内務省警保局・陸軍の有事対策

内務省警保局の通牒

改正された軍機保護法（以下、これまでのものを旧軍機保護法と称する）の制定を起点として本格化する防諜政策の実際を見ていくうえで、同法違反者取り締まりの中心機関であった内務省警保局の方針を追うことが重要である。

例えば、一九三七（昭和一二）年一〇月二〇日、内務省警保局は、警保局外事課長の名で各府県警察部長と警視庁特高部長宛に「軍機保護法の運用に関する件」（外発第一号）を通牒している。同件は、『返還文書』（国立公文書館蔵）所収の「防諜例規　昭和一二年」に記載されており、そこには内務省警保局が改正軍機保護法をどのように見ていたかが明らかにされている。

すなわち、同件の冒頭には、「近年帝国の国力頓に増大してその動向は列国関心の焦点となり加之最近に至りて国際の情勢愈々《ますます》紛糾を加ふるや蘇支英米等の諸国は競て帝国に対する諜報陣を強化し巨額の資金と巧妙なる手法とを用ひて我国情就中《なかんずく》軍情を諜知するに急なり為に機微なる軍情にして彼等の掌中に帰せしもの尠《いささ》しとせず」と記されていた。日本の国力増強を警戒し、外国諸勢力が日本の軍事秘密を中心にスパイ活動を活発に行っていることへの防止策として同法が改正されたという見解である。

しかし、実際の狙いは、同年の七月七日、蘆溝橋事件をきっかけに始まった中国への全面侵略戦争に備え、国民全体の緊張感を高めて国防意識を引き出すこと、また国内の戦時気運を産みだして戦争への協力体制をつくりあげること、その反面で国民に軍事秘密や軍事情報が漏れることを防ぎ、政府・軍当局の戦争政策を何の障害もなく押し進めること、にあった。政府・軍当局はそうした思惑を秘めながら、表向きにはあくまで外国スパイとこれに協力する日本人スパイ、言い換えればスパイという確信犯の取り締まりを目標として掲げ、その必要性を繰り返し説いていくのである。

それで同法は、取りあえず軍事秘密の保護を目指し、徹底してスパイ活動を排除するため、「本法に於いて軍事上の秘密の探知収集又は漏泄を厳に取締ると共に広汎なる禁止又は制限事項を設け違反者に対しては厳罰を以て之れに臨む」としている。ただし、同法の運用にあたっては、「本法を巧に運用せんか軍機保護及防諜の目的を完全に達成し得べしと信ずるも一度苛察《かさつ》に流れ或は運用の適正を欠かんか良民を無辜に泣かしめ民心は明朗進取を失ひ《ひ》惹いては軍民の離間を招来するの虞《おそれ》なしとせず仍《よっ》て本法の運用には周到なる用意を必要とす」と注意することを忘れていない。

それは、徹底した取り締まりを進めるあまり、同法の濫用問題をも含め、国民からの反発を招き、国民の戦争への支持や協力を引き出せなくなることを当局が恐れたからである。一部の確信犯としてのスパイだけでなく、主要な取り締まり対象が、むしろ国民全体にあり、その結果同法が言わば両刃の剣となることを、当局は充分承知していたのである。そのため運用にあたっては、以下のような注意事項を与え、慎重な姿勢で臨むよう指示していた。

罪人を作らずして法の目的を達するは善の善なるものなり本法に於て其の要特に切なるものあり蓋《けだ》し軍事上の秘密にして一旦暴露せんか国家国軍の蒙《こうむ》る損失は犯人の処刑に依りて償ひ得ざればなり故に本法の運用に方りては須《すべか》らく犯罪の予防に最も力を致し以て禍害を未然に防ぐこと緊要なり之れ用意の第一点なり軍事上の秘密の軽重あり実害に大小あり犯質に善悪あり時機の緩急あり本法の運用に方りては特に取締重点の指向を適切にし以て徒らに細鱗を捕ふるに急にして呑船の魚を逸するが如き弊に陥らざるを期すべし之れ用意の第二点なり

本法違反者の取締に付ては特に遠慮を要するものあり即ち之れを監視に附すべきや又は如何なる時機に検挙すべきや或は逆用すべきや等防諜政策に基く考慮之れなり故に取締に任ずる者は常に上司との連絡を密にし苟《いやし》くも軽挙なる措置に出でざるを要す之れ用意の第三点なり

凡そ諜報戦は高度の知能戦にして取締の困難なること之れに若くものは鮮し故に防諜業務には努めて俊秀を充用して頻繁なる更迭を避け且不断の教育を怠らざるを要す之れ用意の第四点なり之れを要するに本法の運用は容易なる業に在らず職として取締に任ずる者は常に大局的見地に立ちて軽重の選を誤らず緩急宜しきを以て軍機保護の目的を達成すると共に動もすれば惹起し易き弊に陥らざるを要す

こうした通牒にもかかわらず、戦局の悪化と国内の有事体制が強化されるにしたがい、些細な事柄にも違反事実が指摘され、検挙・逮捕が繰り返されていった。官憲資料が示しているように、各地警察の運用姿勢は公布直後からすでに一貫して強硬であり、その濫用ぶりが日常化していたのである。それもあって、内務省警保局は同法の運用にあたり次の各点に注意をはらうよう要請していたが、通牒の内容と実際の運用内容とで大きな差があったことは言うまでもない。

検挙・逮捕権の濫用

同年一一月一六日には、警保局長名で各庁府県長官宛に軍機保護法の運用に関する件（警保局外発第一四二号）が通牒された。その主旨は、「今次改正実施を見たる軍機保護法の本旨とする所は軍事上の秘密の種類範囲及特定行為の禁止又は制限すべき施設、区域等を一般国民に知らしめ犯罪の未然防止を図ると共に悪質の違反者に対しては厳罰を以て之に臨み軍機保護並防諜の完璧を期せんとするにあり従て之が運用に当たりては予め法令の周知徹底方に付適当なる方途を講じ不知の間に犯罪を犯すが如きことなからしむると共に発生したる事犯に対しては其の犯質情状実害等の程度に応じて適正妥当なる取締を行ひ苟くも苛察に亘《わた》るが如きことなき様留意せられ度《たく》」というものであった。

基本的な内容は先の通牒と同様であり、ここでも「悪質の違反者に対しては厳罰」を科すものの、

「犯質情状実害等の程度に応じて適正妥当なる取締」を行うよう注意していた。しかしながら、実施現場においては「犯質情状実害等の程度」の判断基準はないに等しかった。そのうえ、各地の警察は競って取り締まりの実績をあげようとし、さらに国民への威嚇効果を狙っていたこともあって、おおよそ違反事実と無関係な事柄にも次々と摘発の手を伸ばしていくのである。

続いて同日、警保局長名で各庁府県長官宛に「軍機保護法同施行規則の取扱方に関する件」（警保局外発第一四三号）が通牒されている。それは軍機保護法と同施行規則に基づいて願書申請書の受理や進達、その他の手続きなどの方法を細部にわたって指示したものであった。それは次の内容である。

一、許可願書、承認申請書を受けたる警察署長は所用の調査を為し別紙第一号様式に依る意見書を附し直接許可（承認）（経由）官庁に提出すること但し陸（海）軍大臣に進達するものは地方長官を経由するものとす（要塞地帯、宇品港域の航空に関するものを除く）

二、軍機保護法施行規則第二一条に基づく没収処分の認可申請は別紙第二号の様式に依り地方長官を経由し陸（海）軍大臣に提出すること被没者に対する命令書は別紙第三号に就ては別紙第三様式に依る

三、没収物件に就ては別紙第四号様式帳簿を各警察署に備付け所要の記入を為し其の状況を明からしめ置くこと

四、軍機保護法施行規則第二〇条に依り警察署長に於て当該行為を継続せしめたる者には別紙第五号様式の証明書を交付すること

このうち、第一号様式には、軍機保護法施行規則第四条によって測量の許可申請者には、その目的・方法、使用器具類、本人および従業員の経歴、教育の程度および思想、生活の状態および資産、前科などにいたるまで詳細にわたり、申請者の調査項目への書き込みが義務づけられていた。こうして内務省警保局の防牒政策は本格化するが、上からの強制や取り締まりには当然のことながら限界があった。そこで形式的にせよ、下からの防諜組織づくりが同法の改正公布と前後して開始されていくのである。

陸軍の防諜政策

次に、陸軍の防諜政策および方針について、「秘」の刻印が押された陸軍省兵務局編『憲兵令達集』(防衛庁防衛研究所蔵)から見ておきたい。そこでは防諜の名において戦時(有事)体制が日中戦争を境に強行されていく過程が明らかにされている。

一九三一(昭和六)年九月、関東軍が引き起こした満州事変により、中国との間に以後一五年にわたる戦争(日中一五戦争)が開始された。その翌年の一〇月一日、「諜報防止に関する件」(陸密第三八一号)が陸軍次官の名で軍関係諸機関宛に通牒されている。その「第一　目的」の項には、「時

局に鑑《かんが》み外国の諜報に対し国家特に軍の機秘密を防護すると共に其の企画を諜知し我国策及至作戦の遂行に資す之か為先づ主として米、蘇、支関係の諜報勤務の状態を調査し且其防止に務む」と記され、仮想敵国とされたアメリカ、ソ連、中国の日本に対する諜報活動を阻止する手立ての必要が説かれていた。

そして、各国の諜報機関網の配置や情報入手の経路、日本向けの宣伝謀略の内容調査を、東京・大阪・神戸・横浜・敦賀・長崎・門司・函館、それに南方の諸島を対象地域として実行に移すというものであった。実施機関としては現有兵力を使用し、責任者を憲兵司令官とすること、陸軍省においては業務の実施を円滑に進めるため随時に関係者会議を開催すること、としている。

これらの内容からは、この時期に諜報防止および防諜実施要領の輪郭はほぼできあがっていたものの、実施する地域は限定的であり、実施機関も憲兵司令官を責任者とはしたが、会議を開催する程度で、実施の内容は比較的緩やかで便宜的なものであったことが判る。それで、各国の諜報機関の活動防止が取りあえず直接の目標とされており、陸軍の防諜政策における国民防諜という観念は、この段階ではまだ希薄であった。

陸軍省兵務局の管轄下にあった憲兵司令部が、防諜に関する業務を担当する部署として前面に出ることになったのは、日中全面戦争開始直後の一九三七（昭和一二）年七月二九日、関係各省宛に通牒された「防共防諜事務連絡会議結成に関する件」（憲高第九四一号）をひとつの画期とする。それは、「本件は陸軍省主導の結果に因るものにして各隊に於ても本覚書の趣旨に従ひ防諜網の拡充を期せられ度」との内容で、陸軍省・海軍省・外務省・司法省・逓信省・大蔵省・文部省・拓務省などと協議の結果、防共防諜事務連絡会議を結成し、政府機関の横断的な組織として防諜態勢の確立を目指そうとしたものであった。

しかしながら、陸軍当局が国民防諜という観念を、より一層明確に示すことになったのは、軍機保護法改正後の九月三日、陸軍省副官の名で軍関係諸機関宛に通牒した「時局に伴ふ軍機保護及防諜に関する件」(陸支密第六三三号)である。ここでは、「軍機保護及防諜は大に励行すべしと雖も之を普遍的に徹底せしむるときは他の重要なる事項を阻害することなしとせず」として、国民防諜には慎重かつ柔軟な姿勢で臨むように指示していた。

具体的には、出征兵士の見送りは士気昂揚の絶好の機会としても、これを防諜上の理由から制限すること、また戦況や国軍の状況説明は愛国心の昂揚に不可欠であるものの、防諜上の理由から説明を省略したりすること、などとしていたのである。この通牒だけからすると、陸軍の防諜政策は、その後の展開に見られるような一方的で強圧的な内容と異なり、少なくとも表向きには戦時体制への国民の自発的かつ積極的な支持・協力の取りつけ、あるいは愛国心の醸成など、戦時体制づくりとの調和を意識した内容となっていた。

その一方で、これより先の同年八月二五日、陸軍省徴募課が起草し、陸軍省副官の名で全国の帝国在郷軍人会総務宛に通牒された「防諜に関する件」には、「事変に伴う防諜に関して当会に於ても特に留意せられ夫々対策を講せられあるも応召者の増加に伴ひ編入部隊、派遣地、部隊の行動等の機秘密を要する事項にして不測の暴露を生起しあること逐次増加の傾向を認めらるるに付き此際当会員は勿論其の家族等に対しても防諜の趣旨を徹底せしめ進んで広く之か徹底に力めしめ以て軍の行動に不利益を来さざる如く一層の配慮煩度依命直諜す」（陸軍省『大日記甲輯　永存書類』甲第四類第一冊・一九三七年）とする指示内容が記されているのである。

帝国在郷軍人会は陸軍省の管轄下に置かれており、いわば身内にあたる当会宛の通牒ということもあって、「時局に伴ふ軍機保護及防諜に関する件」と比較すると相当厳しい内容となっていた。いずれも陸軍省発の通牒でありながら、これらふたつの通牒に一定の違いが認められるのは、この段階で国民防諜政策の実施という点で、陸軍全体を通じて一致した政策が充分にできあがっていなかったことを示している。同時に陸軍としては、身内の在郷軍人会を動員すれば、当面の国民防諜政策の実施は可能と考えていたのである。

そのこともあって同法の違反の摘発に関しては、各地方の一般警察や憲兵、それに在郷軍人会をはじめ、警防団や防諜組織などの自主的な判断に委ねる態勢が採られた。また、裁判においては判例の蓄積が乏しく、さらに判決基準もないに等しかったこともあって、判決の内容には極端な隔たりが見られることになる。そのうえ、全く些細な事例や同法の違反事実とおよそ無関係の事柄も違反例として検挙・逮捕が横行することになるのである。

憲兵の防諜業務

同年一〇月一八日に憲兵司令部総務部長の名で通牒された「軍機保護法同施行規則施行に伴ふ憲兵執務方に関する件」（憲警第二〇〇号）は、前節で引用した内務省警保局長の名で各庁府県長官宛に通牒された「軍機保護法同施行規則の取扱方に関する件」に相当するもので、同法の施行にあたっての憲兵の役割任務を明らかにしている。

すなわち、通牒には、「一、許可願書、承認申請書を受けたる憲兵隊長（分隊長、分遣隊長）は所要の調査を為し別紙第一号様式に依る意見書を付し直接許可（承認）（経由）官庁に提出するものとす　二、軍機保護法施行規則第二十一条に基く没収処分の認可申請は別紙第二号の様式に依り憲兵司令部を経由し陸（海）軍大臣に提出するものとす」と記されていた。

ここから、軍機保護関係の直接施行機関が憲兵にあること、軍機保護に関連する事項の取り扱いについては、憲兵が率先してこれをおこない、上部機関である憲兵司令部の判断をあおぐことが義務づけられた。このように憲兵の防諜上における役割任務が明らかにされ、同時に日中戦争全面化にともなう戦時動員が急がれるにつれ、軍内部の関係機関に対し防諜の徹底を督促する通牒が相次いだ。

例えば、出征軍隊の歓送・歓迎の際には防諜上の理由から軍需品輸送列車などの出発・通過・到着時刻の内報の禁止、出征部隊移動の時刻・所在などの内報禁止を種々の禁止事項を記した「出征軍隊の歓送迎に関する件」（同年一〇月一九日・陸密第一二二二号）が陸軍省副官の名で通牒された。そこには、出征軍隊の歓送迎を許可される者は、出征軍人の近親者、縁故者、関係自治団体の代表者、学生・生徒などの身分明瞭な者に限定すること、歓送迎場への出入りには、停車場司令官（停泊場司令官）または駅長の許可を受けること、さらに歓送迎用の旗には軍事上の秘密を暴露するような字句は一切使用しないこと、など細部にわたる禁止・注意事項が盛り込まれていた。これに加えて、「新聞記者の撮影に対しては憲兵に於て許可主義を採られ度」を内容とする「出征軍隊の歓送迎に伴ふ写真撮影の件」（一九三七年一一月一日・憲高第一四一八号）が通牒され、写真撮影が以後憲兵の許可なくして不可能となった。

陸軍の防諜対策は、戦地から帰還してくる軍隊にも徹底して施行された。一九三八（昭和一三）年二月二〇日、陸軍省副官の名で通牒された「帰還軍隊の輸送間に於ける歓送迎に関する件」（陸密第一五七号）には、「帰還軍隊の輸送間に於ける歓送迎に就ては此等部隊は事変の終結により帰還するものに非らず寧《むし》ろ今後の長期持久戦に即応する如く出動部隊一部の整理交代に基づくものなるを以て其の歓送迎は専ら精神的方面に意を用ひ形式的事項は力めて之を抑制し以て緊張したる国民精神を消磨せしめ延て累を戦地に在る出動部隊に及ぼす等の事なからしむる如く深甚の考慮を払ふものとす」との主旨のもとに、「出征軍隊の歓送迎に関する件」と同様に各種の禁止事項を設けて、防諜対策を講じている。

このように同通牒の類は、防諜政策が何を目指したものかを端的に明らかにしている。つまり防諜政策の実施とは、ただ単に敵国の諜報を阻止するということ以上に、「緊張したる国民精神を消磨せしめ」ることなく、国民防諜の精神や観念を広めることで国防意識を昂揚させること、それによって戦時体制への国民動員を円滑に進めること、に実際の狙いがあったということである。したがって、防諜対策あるいは広義の防諜政策とは、戦時下における国民動員政策の範疇に含まれるものと見なすことができる。これ以後、一連の防諜政策は、多分にそうした色彩を前面に出すことになっていくのである。

ところで、防諜政策の直接の担い手は各地に配置された憲兵であり、これを指揮したのは憲兵司令長官であった。その憲兵司令官は、陸軍省兵務局長の指揮下に置かれた。一九三八年九月六日、憲兵司令部総務部長が通牒した「内地憲兵の防諜業務に関する件」（憲高第七一五号）には、憲兵の業務方針を「憲兵は軍事に関し防諜を自主的に実施す」として、憲兵がより積極的に防諜業務を遂行するよう指示している。

例えば、「戦死竝戦傷病死将校遺家族所有の秘密書類回収の件」（一九三八年一一月一五日・陸支密第四三〇九号）は、憲兵が戦傷病死した将校遺族の所有する秘密書類について、軍機保護および防諜上の理由から回収業務に積極的に取り組むことを指示したものであった。また、「外地部隊軍人軍属より郵送せらるる軍機保護上有害なる図書類を税関より現地憲兵に移管方に関する件」（一九四〇年四月九日・憲高第三四九号）は、戦地に派遣された軍人・軍属より内地に郵送された図書類のうち、軍機保護および防諜上有害と認められるものについて、各省との協議のうえ現地の憲兵への移管決定を通牒したものであった。

このように日中戦争の開始を前後として、憲兵の防諜業務は細部にわたり、戦局の展開につれ、その内容も一段と強化されていくことになる。次にこれら憲兵の防諜業務の実際を、国民との関係に焦点を絞って見ておきたい。

対国民施策の実態

陸軍省副官の名で通牒された「昭和一四年軍令陸第二号　陸軍常備団体配備表廃止に伴ふ部外に対する防諜措置に関する件」（一九三九年一一月三〇日・陸密第二一二七号）には、以下のように記されていた。

一、部外に於て印刷公刊する図書物件（地図を除く）中の当該表（之に準すべきものを含む）は之を削除せしむる如く指導するものとす但し該当表に於ける師団の名称及師団司令部の所在地は之を従前通公示し置くも差支へなきものとす

二、部外に発表する地図に当該表に於けるものを描写する場合は昭和一二年参密第一九七号第七に依るものとす部外に於て発行する地図についても亦前項に準拠せしむる如く指導するものとす

さらに、理由として一般販売用地図の取り扱いや描写の方法について、以下のような内容に変更するよう徹底指導することとしている。「参密第一九七号第七」とは、一九三七年七月七日、盧溝橋事件が発生したその日に、参謀本部総務部長が陸軍次官宛に通牒した「一般販売用地図の描書及取扱法変更に関する件」のことであり、内容は次のようなものであった。

まず、皇室関係では宮城は従来通りとしたものの、離宮・御所・皇王公族邸は記述する要領として註記を省略し、敷地周辺の状況に応じて森林あるいは公園などに書き改めること、軍部関係として重要な官衙や軍の施設は記述せず、一般居住地として示すこと、また兵器・被服・糧秣・火薬・燃料などの製造および研究施設については、周囲の居住地に応じて建物の位置や形状を変更して記述すること、などとした。

また、地方関係としては、飛行場について構囲や境界を省略して芝地などとして記述すること、貯水地・送水路・浄水場・給水場などは、註記を省略して湖地および芝地として書き改めること、主要な停車場および鉄道工場については、一般の家屋として表示し、地下鉄道は省略すること、主要な発電所・変電所は註記も記載も省略すること、瓦斯《ガス》・石油タンクの類は註記や記載を省略し、一般家屋や空地として表示することが指示されている。

これらの処置内容は一切公表することが禁止され、秘密裡のうちに次第に変更作業が進められていった。盧溝橋事件の発生と同時に本来正確を期すべき地図が、敵勢力の諜報行為の阻止を理由に陸軍の手によって偽装作業が進められていくことになったのである。

陸軍は、軍事上の秘密と判断する対象に徹底した「秘密保護」の網をかぶせ、「秘密」の国民への漏洩を防止する処置を講じていった。この種の防諜政策は、国民への不信と国民の徹底監視の必要とを、陸軍当局が強く意識していたことの証明でもあった。そうした処置は、盧溝橋事件の発生後にも相次いでいる。例えば、「部隊動員等の称呼に関する件」（一九三七年九月七日・陸密第一〇一四号）では、「部隊の名称は凡《すべ》て軍事秘密の取扱を為すべきものとす、之か為郵便、電信等の宛名及差出名、門札及諸掲示、乗車（船）証等一般部外者の眼に触れるべき箇所に使用する部隊の称呼は左の各号の規定に依るものとす」と記されていた。

そして、具体的に動員部隊には原則として部隊長の姓を冠し、司令部および本部は一律に本部と呼称すること、平時部隊と名称が同一で駐屯地を離れない動員部隊は固有の部隊号を、また留守師団司令部や各補充隊は、「留守」や「補充隊」の語を除いて平時部隊の部隊号をそのまま使用すること、などが決められている。

国防保安法案の特徴

日中戦争全面開始以後、日本は対英米戦および対ソ戦の準備を着々と進めていくが、この過程で制定された防空法（一九三七年）、国境取締法（一九三九年）、軍用資源秘密保護法（一九三九年）、改正要塞地帯法（一九四〇年）、宇品港域軍事取締法（一九四〇年）など、一連の軍事秘密保護法制は長期化する戦時体制の恒久対策と位置づけられるものであった。これら各種の軍事法制に加えて、一九四一（昭和一六）年三月に制定されたのが国防保安法（法律第四九号）である。それは秘密保護の対象範囲を一層拡大して重罰を科す秘密保護法であり、明治国家成立以後相次いで制定されてきた秘密保護法制の、いわば集大成とも呼ぶべきものであった。

国防保安法の制定への動きが急浮上してきた背景には、国内防諜態勢の再編強化という課題が、特に陸軍当局から強く要請されていた経緯があった。第二次近衛文麿内閣は、そうした軍の要請を受け入れた形で、一九四一年一月二九日、〝翼賛議会〟と称された第七六回帝国議会に国防保安法案を提出したのである。同法案は国家機密の定義、国家機密の漏泄・探知・収集に対する罰則などを規定した「第一章　罪」と、諸事件に対する刑事手続について触れた「第二章　刑事手続」とに分けられ、原案は全四〇カ条から構成されていた。

第一条で登場した「国家機密」の用語は、「国防上外国に対し、秘匿することを要する外交、財政、経済其の他に関する重要なる国務に係る事項」と定義されたが、具体的に何を示しているかは極めて曖昧で、任意の解釈の幅を残すものであった。さらに、軍機保護法においてすら一応軍事秘密という大枠が存在していたのに反して、「国家」の諸活動に関連するあらゆる機密あるいは秘密を保護対象としたことから、「国家機密」の定義はそれだけでも事実上無限定であった。

確かに国家機密の範囲を御前会議・枢密院会議・閣議など、各種主要会議と指定してはいたが、第一条第三項で「其の他行政各部の重要なる機密事項」を加え、結局、国家機密の範囲指定を実際上反故にした条項が設けられているのである。そして、この無限定な「国家機密」を知得・領有、またはこれを外国に漏泄した者には、「死刑」あるいは「三年以上の懲役」が科せられるとしたのである。

さらに、罰則対象としては、知得・探知・収集・漏洩・公表は無論のこと、未遂・教唆未遂・誘惑・煽動・予備・陰謀なども明記され、軍機保護法に比較しても罰則対象が比較できないほど拡大された。さらに、罰則内容には外国の諜報戦への対抗策として、知得・収集などした「国家機密」を外国に漏泄・公表した者への厳しい罰則規定を設けている。

国防保安法が外国の諜報戦への対抗手段として位置づけられる理由もここにあるが、議会での答弁対策としての理由づけの側面が強く、同法は実際に国民防諜に徹底利用されることになる。

一九四一年五月一二日から外地も含めて全国一斉に防諜週間始まる。この月一〇日に国家保安法が施行された。

第三章
強化される行政の軍事化

1　中央行政機構の有事体制化

国家総動員機関の設置準備

プロシアの軍人で『戦争論』（*Vom Krieg*）を著したカール・フォン・クラウゼヴィッツ（一七八二〜一八三一）は、ナポレオンの大陸戦争が、それまでの政府対政府の戦争（内閣戦争）から国民対国民の戦争（国民戦争）へと戦争形態を変化させたと論じた。国民戦争登場の理由は、産業革命による工業技術の飛躍的な発展と近代国家の国民が徴兵制により国民軍として組織されたことにある。国民戦争は、第一次世界大戦において一層徹底された総力戦の概念で規定される新たな戦争形態に受け継がれた。

この総力戦の概念を最初に提起したフランス王党アクシオン・フランセーズの指導者であったレオン・ドーデ（一八六九〜一九四二）は、一九一八年に刊行した『総力戦』（*La guerre totale*）の中で、将来の戦争の影響が政治的・軍事的領域に留まることなく、経済的・工業的・知性的・通商的・金融的の諸領域に拡大波及し、戦争は軍隊だけでなく、これら諸領域の力の総動員によって遂行され、勝敗の帰趨も決定されるとした。また、総力戦の概念を日本に普及したのはドイツの将軍エーリッヒ・ルーデンドルフ（一八六四～一九三七）が刊行した『国家総力戦』（*Der Totale Krieg*）であった。ルーデンドルフによれば、国家総力戦段階では文字通り国家および国民の物質的かつ精神的な全能力を動員結集して、これを国家の総力として戦争目的に当てなければならないとしたのである。

こうした一連の国家総力戦論がさかんに論じられ始めると同時に、戦時（有事）を前提にした国家総動員を目的とする政策の推進が制度や法令の整備と同時に軍需関連企業を中心とする企業活動への国家の統制・介入の試みも顕著となってくる。

国家総力戦への準備から総力戦体制の構築への展望が、第一次世界大戦終了前後から多くの人物によって語られることになる。明治国家にあって隠然たる影響力を保っていた元老山県有朋は、将来戦への勝利の要は、「国民を挙げ、国力を尽し、所謂《いわゆる》上下一統、挙国一致の力に依らざるべからず」（徳富猪一郎編述『公爵山県有朋伝』下巻）点にあると、早くも総力戦認識を語っていた。

政党人のなかにも、当時国民党総裁であった犬養毅（後首相）も、一九一八（大正七）年一月の国民党大会において、「全国の男子は皆兵なり、全国の工業は皆軍器軍需の工場なり」（鷲尾義直編『犬養木堂伝』中巻）と述べ、国民皆兵主義の徹底と工業動員の必要性を訴えていた。こうした政府内外の総力戦準備を求める声と同時に、当時寺内正毅内閣の内務大臣であった後藤新平のように、「大調査機関」と称する国家総動員設置構想を説く有力者もいた。後藤は、「為政者並に識者は此機運並に実勢力の要求を精察研究し、以て外に対しては国家の経済的発展を図り、内に向ては産業の進展統制並に産業に従事する各階級の調和協力を得るの策を樹て、新なる国際的大戦争に勝利の栄冠を贏《か》ち得んことを企図とす」（鶴見祐輔編『後藤新平伝』国民指導者時代・前期上）として、原料・動力・食料・生活必需品生産配分・人口・危険思想などの問題を対象とする調査研究を国家が率先して実施する機関の設置の必要性を強調していたのである。

こうしたなかにあって、総力戦段階という戦争形態の変容に最も深刻な危機意識を抱きながら対応したのが陸軍の軍事官僚の一群であった。彼らは、既に第一次世界大戦が勃発するや多くの駐在武官を欧州の戦場や参戦諸国に派遣し、各国の戦争動員の実態調査にあたらせた。同時に大戦勃発の翌年一九一五（大正四）年一二月二七日に陸軍省内に参戦諸国の戦時体制を調査研究し、総力戦段階に対応する総動員方法の研究と国内工業の実態把握を目的とした臨時軍事調査委員会を設置したのである。

行政機構の権限強化

軍事官僚を主導勢力として第一次世界大戦を教訓に、歴代の政府は総力戦段階に適合する国家形態の採用に踏み出すことになる。それが有事即応型国家形態ともいうべき行政機構主導型国家、すなわち行政国家への変容である。一八八九（明治二二）年に公布された明治憲法の基本構造は、軍事大権および外交大権を天皇の主要な大権事項としているように内閣行政権の実態は極めて弱小であり、また、その内閣においても各国務大臣と総理大臣との関係は、実質的に極めて高い自立性が保証されていた。要するに、明治憲法体制下では内閣の分権性が大きな特徴としてあった。

しかし、この分権性は総力戦段階に適合する戦争指導体制や有事即応体制の構築という観点からすれば不都合・不合理な面が際だってもいたのである。特に政党内閣時代が終焉した後、内閣は軍部・官僚・政党を基軸とする諸勢力の集合体（挙国一致内閣）であり、それゆえに一貫した政策を充分に打ち出せない弱点を露呈することになった。

そうしたなかで、日中一五年戦争の開始を告げる満州事変（一九三一年九月一八日）前後期から、強力な政治・戦争指導体制を敷き、内閣主導の国家総力戦体制構築の緊急性が再三指摘されるようになると、内閣行政権の権限強化、つまり、内閣の首班である内閣総理大臣の指導力強化が求められるに至った。内閣行政権強化の方法には内閣官制改正による首相権限強化や少数内閣制などが構想されていたが、法改正を伴う措置は直ちに天皇大権システムに抵触する恐れを警戒してか敬遠され続けた。それで、こうした課題を回避し、同時に総理大臣の権限強化を果たし得る方法として採用されたのが内閣スタッフ機構の充実強化策であったのである。

内閣スタッフ機構とは、内閣に設置されて専任あるいは兼任の長官を持った内閣総理大臣のスタッフ機構である。その嚆矢は、一九一八（大正七）年五月三日に内閣下に設置された軍需局であり、以後敗戦の前年に設置された総合計画局（一九四四年一一月一八日）に至るまで続く総合国策機関と総称される組織である。しかしながら、これら内閣スタッフ機構も、軍事に関しては統帥権独立制などの特権を盾にした軍部が、また外交については外務大臣が、それぞれ独自に天皇を補弼する権限を確保していたため、軍事・外交領域に関する政策形成には自ずと決定的な限界を持っていた。

行政機構の有事対応策

一九一八（大正七）年五月三一日に公布された軍需局官制（勅令第一七八号）により軍需局は、軍需工業動員法（後述）の施行に関する事項を統括するために首相を総裁兼任として設置された。構成員としては、陸・海軍次官が軍需次官、その下に局長、書記官（二名）、技師（二名）、属技師（一〇名）、その他に関係各省庁勅任官から構成される参与や関係各庁から首相の奏請により内閣が任命する事務官などが同年六月一日付けで発令された。

軍需局構成員のうち総裁と次官を除く軍人が一〇名加入しており、各省庁の総合機関としての体裁を整えつつ、陸軍出身の寺内正毅首相と陸・海軍次官の軍需次官就任に象徴されるように、同局はあくまで軍部主導による軍需工業動員を図る目的が濃厚であった。しかしながら、軍需局官制において、「軍需局は内閣総理大臣の管理に属し軍需工業動員法施行に関する事項を統括す」（同第一条）と規定されたように、内閣総理大臣の軍需工業動員に関する一定の権限を明記しており、その限りにおいて動員法の運営主体者としての権限が与えられたことの意味は小さくない。いわば、動員法システムの主体者として法的に保証されたのであり、以後一連の総合国策機関においても、このような内閣総理大臣の地位は原則的に不変であった。

続いて、一九二〇（大正九）年五月一五日、最初の政党内閣と言われた原敬内閣時代に国勢院官制（勅令第一三九号）が公布され、軍需工業動員の中央統制機関として国勢院が内閣下に設置された。

これは軍需局と内閣統計局を統合した組織で、国勢院は軍需局にはなかった「軍需工業動員法施行に関する事項の統轄の事務」（第五条）、「軍需工業復員に関する調査事務」（第七条）の業務を新たに追加した。国勢院は首相の管理に属し、総裁には専任官が置かれ、その下に部長（二名）、書記官（四名）、事務官（二名）、統計官（二名）、技師（五名）、統計補（二名）、技手（一二名）などで構成された。総裁には政友会の総裁であった小川平吉、第一部長に牛塚虎太郎、第二部長に原象一郎が就任し、軍務局時代に軍需次官のポストを占めた陸・海軍次官は参与に格下げされた。

つまり、軍部の影響力が抑えられて、内閣総理大臣の権限が強化される方向が採られたのである。そのことは、原敬内閣が同年（一九二〇年）八月二七日に発した勅令三四二号のなかで、「内閣総理大臣は軍需工業動員法施行に関する事項の統轄に付必要なる命令を発し又は関係各庁に対し指揮命令を為すことを得」とあるように、関係官庁（各省庁主管大臣）に対する「指揮命令」権を実質保持しなかった内閣総理大臣の立場を強化するものであった。

このなかでも内閣行政権を支える官僚層の役割が浮上してきており、国勢院第一部長に就任した牛塚虎太郎は、国勢調査の必要を論じたなかで、「若夫《もしそ》れ一旦緩急あり国を挙げて軍国の事に従はざるべからざるの時多数兵員の補充召集軍需品制作に要する工場の動員各種労働者の配給調節男工に対する女工の補充食料の調節等国内人力の総てを動員活躍せば是非とも平常国勢調査の方法に拠れる正確なる人口並職業の調査準備なかるべからず」（「国勢調査施行の議」『公文雑纂』一九一八年）と述べて、戦時における兵力動員準備の一環として国勢調査を位置づけていたのである。

牛塚らに代表される高級官僚は、総力戦対応策の必要性を認識し、軍部と明確な役割分担により総力戦体制の構築を展望して見せていたが、同時にその主導権を行政が掌握する点をも暗に強調していたのである。しかしながら、国勢院は折からの行政改革の一環として廃止されることになり、内閣行政権主導下の総動員機関の設置は資源局の設置まで待たなければならなかった。

資源局の設置

国勢院の廃止によって軍需資源の取得統制に関する中心機関を失い、資源の配当を規定する仲介者不在の状況に陥った。この点で最も打撃を被る形となった陸・海軍は、合議により一九二三（大正一二）年に軍需工業協定委員会を設置して資源配分の基礎を確立し、それぞれの工業動員計画の参考とした。同時に陸・海軍は協同し、再び軍需工業動員に関する中央統制機関の設置に向けて努力することを確認していた。この間にも陸軍では、国家総動員機関の設置の動きに対応して陸軍省内に整備局を設置していた。

こうした一連の動きに対して、政府は一九二六（大正一五）年四月二二日に「国家総動員機関設置準備委員会に関する件」を閣議決定すると同時に内閣法制局長官を委員長とし、内閣統計局長、内閣拓殖局長と内務・大蔵・陸軍・海軍・農林・商工・逓信・鉄道の各省庁から一名を構成員とする機関設置案を提出した。第一回の準備委員会は同年五月三日に開催され、ここで若槻礼次郎首相が、委員会の目的が、将来設置すべき国家総動員機関の体系組織、任務、業務遂行の方案と該当機関の設置などに関する調査研究にあると表明した。

約一年間に及ぶ国家総動員機関設置準備委員会の審議の結果、翌一九二七（昭和二）年五月二六日、総動員資源の統制運用を準備する中央統轄事務および諮問機関として内閣総理大臣の管理下に資源局が設置された。資源局は内閣総理大臣の管理下に置かれ、その長官には賞勲局総裁である宇佐見勝夫が就任した。主要人事は総務・企画課長に松井春生、調査課長に植村甲午郎（商工省）、施設課長に宮島信夫（農林省）などが就任した。総勢二七名の資源局職員のうち、一一名が陸・海軍現役武官が専任職員として資源局事務官を兼任した。加えて、陸軍省軍務局長の阿部信行（後首相）、同整備局長の松木直亮、海軍省軍務局長の左近司政三らが参与仰付として、実質的に文官官庁である資源局入りしたことは、軍人の非軍事専門機関への進出を容認したことを示すものとなった。

資源局の位置を捉えるには、当局が九月二九日（一九二七年）に作成した「資源の統制運用準備施設に就いて」と題する文書が参考となる。そこでは、資源を「国力の源泉」としつつ、「資源は其の範囲極めて広範であつて、人的物的有形無形に亙《わた》り依つて以て国力の進展に資すべき一切の事物を抱擁する」としたうえで、これら資源を国防目的に集中する役割が資源局に求められていると記していた。そのために、「平時においても国民各個の創意努力を害せざる範囲に於て資源の利用関係に統制を加ふることが近代衆《(ママ)》民国家の重要なる職分の一つとして認められるに至つた所以《ゆえん》である」（陸軍省『甲輯第四類　永存書類』一九二八年）としている。

要するに、資源局が一段と総動員機関としての性格を強め、その機能を強化したことを示すものであった。それまで各省間の調整機能が不充分であった点を配慮し、徹底した総動員業務を各省間の垣根を越え、調整統一機関としての役割を果たそうとするものであった。

内閣行政権の機能強化

資源局の設置に伴い、資源局の関係業務についての内閣諮詢機関として、同年七月一八日に資源審議会が設置された。そこに首相を総裁とし、首相の勅命で任命される副総裁、首相の奏請で任命される委員と臨時委員、それに審議会の庶務を処理する幹事長（資源局長官兼任）と幹事が置かれた。資源審議会は、「諮詢に応じて人的及物的資源の統制運用計画並に其の設定及遂行に必要なる調査施設に関する重要事項を調査審議す上記事項に付内閣総理大臣に建議し得」とされ、軍需局と同時に設置された軍需評議会と異なり、著しく権限が強化されていた（同前）。この資源局において、国家総動員計画の本格的な準備が進められた。具体的には「総動員計画設定処務要綱」を基にして、「総動員基本計画」、「暫定期間計画設定処務規程」、「暫定期間計画設定に関する方針」、「暫定期間計画設定に関する指示事項」などが相次ぎ作成されることになった。

一九三〇（昭和五）年一月、資源局は「総動員機関の組織及戦時法令立案に関する件」や「総動員機関の組織及戦時法令立案に関する申合」などにより、総動員のための基本制定に向けて検討を開始した。例えば、同年三月一五日には資源局長官は、陸軍次官に対して、「国家総動員上必要なる資源の国内保有に関する件」（資源局発令第五八号）の申し入れを行った。それは国内資源について戦時需要に備え、平時から取得利用を制限・禁止し、平時使用には海外資源の取得または代替品の研究開発を急務とすること、これらのための制度確立を図るとする内容であった（陸軍省『密大日記』一九三〇年）。これら資源保有計画に従って、一九三三、三四年頃から鉄や石油などの備蓄が本格的に開始されることになった。しかし、その成果は充分でなく、これが国家総動員上の最大の障害となっていくのである。

日中全面戦争前後にかけて、日本の準戦時体制下が押し進められるなかで、一連の総動員計画に従って国防資源の確保、軍需品生産能力の向上が企画され、日本製鉄株式会社法（法律第四七号・一九三三年四月六日）、石油事業法（法律第二六号・一九三四年三月二八日）、自動車製造事業法（法律第三三号・一九三六年五月二九日）などの国家総動員推進を目的とする法整備が行われた。それは軍需品の中心である鉄、石油、自動車について政府の監督命令統制権を強化する措置であった。

以後、総動員計画の一環として各省庁総動員業務の調整統一や調査を目的とする内閣審議会（勅令第一一八号・一九三五年五月一〇日）、内閣調査会（勅令第一一八号・一九三五年五月一〇日）、内閣調査局（勅令第一一九号・一九三五年五月一一日）、総動員諸施策の啓発宣伝を目的とする情報委員会（勅令第一三八号・一九三六年七月一日）などが次々に設置されていった。

このなかでも岡田啓介内閣において枢密院の審議を経て勅令により設置された内閣調査局は、内閣総理大臣の管理下に置かれ、吉田茂を長官に松井春生、奥村喜和男、和田博雄ら後に革新官僚と称される官僚たち、陸軍から鈴木貞一、海軍から阿部嘉輔が参加して国家管理案の具体化、産業合理化政策の各方面にわたる業務を担当することになり、総力戦体制の構築を構想する人的基盤となっていた。こうして内閣行政権の、とりわけ軍事機能の強化が国内有事体制構築の重点目標とされていったのである。それは、日中全面戦争の開始を奇貨として一段と拍車がかけられていくことになる。

2　中央・地方行政機構の有事法体制化

企画庁から企画院へ

　内閣調査局は、林銑十郎内閣時代に国策の総合調整機関として企画庁（勅令第一九二号・一九三七年五月一七日）へと再編強化された。さらに企画庁は、日中全面戦争の開始後、内閣資源局と企画庁を統合強化して企画院（勅令第六〇五号・一九三七年一〇月二五日）となり、国家総動員計画、総合的国力の拡充・運用などの戦時統制と重要国策の審査、予算の統制などを担当することになる。ここに国家総動員機関と総合国策官庁としての機能を併せ持つ強大な組織が誕生することになった。設置当初の企画院首脳人事は、総裁瀧正雄（法制局長官）、次長青木一男（対満事務局次長）、総務部長横山勇（資源局企画部長・陸軍少将）、内政部長中村敬之進（企画庁次長心得）、財政部長原口武夫（企画庁調査官）、産業部長東栄二（商工省鉱山局長）、交通部長原清（海軍少将）、調査部長植村甲午郎（資源局調査部長）であった。

　このように内閣の管理下に国家総動員機関が設置されていき、そこにおいて内閣の官僚組織や軍部との関係における相対的優位が次第に確定していった。以後、国家総動員法の制定過程のなかで内閣行政権主導の有事法体制が、いわば天皇大権を基軸とする明治国家の国家構造の質的転換をも迫る勢いのなかで強行されていく。内閣行政権と最後まで一定の距離を置きつつ、自らの権限拡大の機会を狙っていた軍部も、国家総力戦体制構築という高度な行政的技術を不可欠とする領域では既存の官僚機構と連携し、精緻な法機構の整備を押し進める内閣行政機構の充実により国家総力戦体制構築に向うことが合理的と考えるようになったのである。

企画院は、その後国家総動員の中心機関としての役割を果たすことになる。例えば、一九三八（昭和一三）年五月一六、一七日に開催された国家総動員会議は企画院総裁が議長を務め、各省庁の次官、局長、長官クラス、さらには朝鮮総督府などから植民地官僚までの参集を得た大がかりな総動員検討会議であった。また、企画院は戦局の悪化が最終段階に至った時点で設置された研究動員会議（勅令第七七八号・一九四三年一〇月一四日）や、総合計画局（勅令第六〇八号・一九四四年一一月一日）などにおいても同様であった。その意味で、有事法体制の整備という点からすれば、企画院を中心とした官僚主導による行政機構の有事体制化は必然の方向でもあったのである。

統治機構の中軸として内閣行政権が有事法体制の要に位置づけられていく過程は、とりわけ日中全面戦争開始前後期から顕著となってくる。それは第一次近衛文麿内閣において設置された内閣参議制の導入を事実上の嚆矢とし、同内閣期における国家総動員法の具体化に関連する審議機関であった国家総動員審議会（勅令第三一九号・一九三八年五月四日）、国民の戦時動員体制に対する自発的かつ積極的な支持と協力を目的とする国民精神総動員委員会（勅令第八〇号・一九三九年三月二八日）、国家総力戦に関する基本的調査研究などを行う総力戦研究所（勅令第六四八号・一九四〇年一〇月一日）、国家総動員の実施上支障が生じると判断される出版物などの規制・処分を行う情報局（勅令第八四六号・一九四〇年一二月六日）などは、すべて内閣総理大臣の管理下に置かれることになった。

その他にも、内閣行政権を強化する試みは戦時体制の強化に伴い頻繁に実行に移された。岡田内閣期の対満事務局（勅令第三四七号・一九三四年一二月二六日公布）、第一次近衛文麿内閣期の臨時内閣参議官制（勅令第五九三号・一九三七年一〇月一五日公布）、東条英機内閣期の内閣顧問臨時設置制（勅令第一三四号・一九四三年三月一八日公布）、小磯国昭内閣期の内閣顧問臨時設置制（勅令第六〇四号・一九四四年一〇月二八日公布）などがそれである。

しかしながら、これらの機関は必ずしも額面通りに内閣行政権の権限強化を結果した訳ではなかった。そこでは確かに行政の効率化と軍部の抑制化が主要な課題とされていたものの、特に二・二六事件（一九三六年）を境に準戦時体制から戦時体制への移行過程において、統帥権独立制を盾に急速に発言力を強めていた軍部権力の前に、内閣行政権の拡充は不充分性を克服できないままであった。

こうした経緯のなかで、アジア太平洋戦争の展開過程において中央諸官庁の有事即応化が進められた。そのなかでも、一九三八年一月一一日に公布された厚生省官制（勅令第七号）によって設置された厚生省の位置は重要である。本来、厚生省設置は第一次近衛文麿内閣時に保健行政と社会行政の統合を目的に着想されたもので、それによって国民の体力向上を図ることが狙いとされた。当初社会保健省の名称での設置が具体化するや、枢密院が「社会」の名称使用に異議を唱え、結局は厚生省の名称に落ち着いたという経緯があった。

設置された厚生省は、国民保険・社会事業・労働に関する事務管理を任務としたが、なかでも社会局は「軍事扶助に関する事項」（同官制第六条三項）を設けて、国民動員の一翼を担う機関として機能した。そのために省内に臨時軍事援護部、傷兵保護院（一九四一年一月に両者を統合して軍事保護院に改編）が置かれ、国民の軍事動員および傷病者の保護などに関わる事業を推進した。

部落会・町内会の有事動員システム

行政機構の有事法体制化は、中央行政機構のレベルに留まらず、地方の行政機構にまで及んだ。本来は地方行政上の矛盾の処理策として設置されていた部落会・町内会は、一九三〇年代に入るまでは単なる親睦団体としてのみ機能してきた。しかし、日中全面戦争開始に伴う国内行政機構の軍事的再編が強行されるなかで、一九三九（昭和一四）年九月一四日、内務省地方局長名で地方長官宛に部落会・町内会の整備について、「市町村に於ける部落会又は町内会等実践の整備充実に関する件」（地発第二八四号）が通達された。

そこには部落会・町内会の意義について、「今次事変下に於ては国民精神総動員、銃後後援、生産力拡充、貯蓄奨励、金集中、物資物価の調整など重要国策の趣旨を徹底し全国民をして協力実践せしむるの機構ならしむる」としていた。これをさらに発展させる意味で、一九四〇（昭和一五）

年九月一一日、「部落会町内会等整備に関する訓令」（内務省訓令第一七号）が制定された。そのなかで、部落会・町内会は、「国民の道徳的錬成と精神的団結を図る基礎組織たらしむること」（第一条の二項）とし、さらに「国策を汎《ひろ》く国民に透徹せしめ国政万般の円滑なる運用に資せしむる」（第一条の三項）役割を担うものとし、「国民経済生活の地域的統制単位として統制経済の運用と国民生活の安定上必要なる機能を発揮せしむること」（第一条の四項）とされた。

こうして部落会・町内会は、配合・供出・回収・生産・勤労奉仕・防空などの業務が実行目標として掲げられることになったのである。こうした業務を担うために、各地方行政区に応じて隣保実行組織である隣保班または隣組が設置された。それには毎月一回開催される常会が設定され、各種の行政事務は同会を通して実行された。この整備要領制定以後、同年九月三〇日までに全国で約一二〇万の隣組と約一万九〇〇〇の部落会・町内会が設置された（藤原彰編『戦争と民衆・日本民衆の歴史』第九巻）。

続いて内務省は、日米開戦の年であった一九四一（昭和一六）年一一月二〇日に国民に国策への同調と徹底を図るために部落会常会・町内会常会の開催日を全国的に統一化することとした。つまり、市町村常会を毎月二〇日から二五日の間に、それを受けて部落会常会・町内会常会を開催し、最後に隣組常会を翌月の五日までに開催することを義務づけた。こうして政府・内閣は、部落会・町内会の組織を中央政府の意向を地方自治体に徹底させる主要なシステムとして機能させていったのである。

地方自治の形骸化と地域動員

有事即応体制に適合する地方行政の改編作業は、既に一九三二（昭和七）年から農林省による農村漁村経済更正事業のなかで、部落会に同事業の実践末端機関としての役割を負わせながら進められた。さらに、一九三五（昭和一〇）年五月に開始された選挙粛正運動の末端組織としても部落会が活用された。選挙粛正運動の目的は、地方の政党勢力を抑制し、地方議会への影響力を弱体化することにあった。最終的には市町村議会の主導力を政党から部落会に転化し、市町村議会や市町村行政の基盤とすることが意図されていたのである。

選挙粛正運動に続いて翼賛選挙が実施されるにつれ、部落会・町内会は政党中心の議会政治排除、地方政治の再編による地方自治の剥奪と官僚支配の強化のための〝細胞装置〟として評価されるようになった。こうした部落会・町内会の評価は、当然に地方自治との関係で重要な問題を生み出すことになる。特に、一九三〇年の農村恐慌と翌一九三一年の満州事変を契機とする恐慌対策事務や事変対策事務の増大は、必然的に財政面で地方自治体の中央政府への依存を一段と強める結果となった。こうした事態を背景に、日中全面戦争の開始前後には、軍当局からも地方自治の制限・縮小、部落会・町内会の積極活用を骨子とする地方制度のさらなる改革意見が出されるようになった。

より具体的には大都市行政組織の法的整備の要求、市町村首長の権限強化、監督行政の再編強化、部落会・町内会の法的整備の促進などであった（石井金一郎「日本ファシズムと地方制度」『歴史学研究』

第二〇七号）。これらの地方制度改革意見は、一九三七（昭和一二）年八月一三日に地方制度調査会の設置（勅令第三八五号）によって具体化の運びとなり、さらに翌一九三八（昭和一三）年六月には部落会の法制化、町村長と町村会との権限配分の修正などを内容とする「農村自治制度改正要綱」が発表された。それは、軍部・政府・内務官僚などが一体となって本格的に地方制度における中央集権の強化と、これによる地方自治の形骸化に乗り出すことを表明したに等しいものであった。

こうした過程を得て部落会・町内会は「下意上達」の役割を担うこととなり、ファシズム支配体制の末端国民組織という性格を濃厚にしていく。これに反比例するように、従来の地方行政組織であった府県会・町村会は形だけのものとなり、事実上崩壊を余儀なくされていった。末端の行政機構としての部落会・町内会は、日中戦争の拡大や日米戦争の開始にともなう生産増強・食料増産・徴用の強化などの戦時行政を担うことになった。そのような戦時行政の増加は、地方行政の事務処理能力をはるかに上回ることになる。これら事務の多くを担うことになった部落会・町内会は、地方行政組織に代わって中央集権体制下の官僚行政事務の強力な下請け補完装置として位置づけられることになったのである。

軍事的統合の代行機関としての部落会・町内会

こうして、部落会・町内会は軍部から国民総動員の担い手としての役割を期待されていった。特に日中全面戦争開始の後、物資の配給や思想動員、それに主に都市部においては国内防衛（防空）

などの担い手として一段とその役割が期待されるところとなった。しかしながら、農村部における部落会の整備は、小規模農業経営や村落共同体に根ざす連帯意識など住民間の共通項が多く比較的容易に進行したが、都市部においては町内会の整備は強権的に進めざるを得なかった。そこでの整備は、防空問題を中心にして押し進められる傾向が顕著となってくる。

その嚆矢と言えるものは、一九三二（昭和七）年九月一日の関東大震災祈念日に結成された東京市連合防護団であり、これを契機に各都市に相次ぎ同様の組織が結成されていった。防護団は在郷軍人、青年団、少年団、女子青年団、婦人会、それに町内会など各種団体が文字通り根こそぎ動員され、軍隊や警察などの指導のもとに防空を目的とする市民総動員の実行団体として機能することになったのである（古屋哲夫「民衆動員政策の形成と展開」『季刊現代史』第六号、参照）。

一九三六年には各県で、「隣保の復興強化と協同組織の整備拡充」の通知が市町村に通達された。このなかで防空・防火のための実行組織としての隣保班の充実が要請されている。

これを受ける形で、一九三七（昭和一二）年四月五日には、「防空法」（法律第四七号）が制定され、東京では同年の五月の「家庭防火隣組織要綱」に従い、防火活動の円滑化のために近隣の数戸で家庭防火群を組織することになった。これは、一九三九（昭和一四）年に隣組と統合して隣組防空群と改称し、防空訓練に参加することが強要された。これを契機に国内防衛＝防空問題は国民の軍事的統合に重要な役割を果たすことになっていく（米丸嘉郎「わが国の旧憲法下における緊急事態法制」『防衛法研究』第二四号・二〇〇〇年一〇月、参照）。

事実、同年一一月一日には「帝都防空本部官制」（勅令第八三九号）が公布され、首都東京が防空対策の名のもとに内務省の指揮監督を受けることになった。そこには「長官は内務大臣の指揮監督を受け本部の事務を統理し東京都及警視庁所管の防空に関する事務の調整統一上必要あるときは東京都長官又は警視総監に対し必要なる指示を行ふ」（第四条）と記されていたのである。

この時期になると町内会の意義についても、「時局の進展するにつれて防空・防火の非常時対策が真剣に考えられなければならなくなってきた。此の場合に於て小地域団体の働きというものが必然の要求として生まれてきたのである」（片岡文太郎「東京市の町会整備に就いて」『都市問題』第二七巻第一号・一九三八年七月一日号）とされるように、町内会は防空・防火のための実行組織としてその存在意義を認められるに至った。

防空法の制定は、こうした方向性をさらに促進するものであり、町内会を媒介とする国民総動員体制構築に向けた国民の軍事的統合は、この防空法によっても進行していくことになった。また、防空法は、知事の指定する市町村に設置された防空委員会の意見により防空計画の作成を義務づける内容を含んでいただけに、防空法の制定は部落会・町内会が地域社会の組織化を果たすうえで重要な契機となった。それはまた、二・二六事件以後において発言力を強めてきた陸・海軍の政治行政機構の整備改革案などにみられる軍事的な行政機構改革論を背景としたものであった。

ここにおいて地域団体としての部落会・町内会は、防空のための民間組織という性格が濃厚となり、防空という軍事的な要請は、部落会・町内会が発展していくために公共性・権威性が必要であったこともあり、それと相互補完的な関係にあった。

地方行政組織の軍事的統制

地方行政組織の軍事的統合は、地方行政協議会命令で設置された地方行政協議会によって頂点を迎える。中央集権制の具体化としての広域行政は、一九四〇（昭和一五）年に内務次官を議長とする地方行政連絡会を設置し、内地を八つのブロックに分別（北海道を除く）することで、中央による地方統制の強化を目標とした。そこでは、府県間での物資の配分や価格の決定など、主に経済行政の連絡調整機関としての役割が求められたにすぎなかった。

より包括的な戦時行政の推進を図るために、一九四三年七月一日、地方行政協議会令（勅令第五四八号）が公布され、北海・東北・関東信越・北陸・東海・近畿・中国・四国・九州の九つの地方協議会を設置した（一九四五年一月に東海と北陸を一つにして東海北陸となる）。また、地方行政協議会所在地府県知事が会長となり、会長は「内閣総理大臣の監督の下に於て会務を総理す」（第七条）とされ、毎月首相官邸で会長会議が開催された。会長には管内知事、財務局長、鉄道局長などへの指示権が付与され、協議会は食糧の増産や供出などの事業の推進役となった。

要するに、中央政府の地方への統制は、敗戦の年まで継続強化されていった。さらに、アジア太平洋戦争が終末を迎えた一九四五（昭和二〇）年六月一〇日には、地方総監府官制（勅令第三五〇号）が公布された。同官制によって連合軍の本土上陸と本土分断に備える目的で全国を八つの総監府

（北海・東北・関東信越・東海北陸・近畿・中国・四国・九州）に区分し、自戦・自活という最後的な戦時体制が整えられたのである。

総監は親任官待遇とされ、管内知事への指揮権や総督府令公布権などが付与された。すなわち、地方総監府官制第三条において「地方総監は行政全般の統轄に付ては内閣総理大臣の指揮監督を承《う》け内閣又は各省の主務に付ては内閣総理大臣又は各省大臣の指揮監督を承く」とされ、さらに、地方総監府官制において注目すべきは、地方総監に法制上軍隊出動要請権が付与されたことである。それは、第六条において「地方総監は非常急変の場合に臨み兵力を要し又は警護の為兵備を要するときは当該地方の陸海軍の司令官に移牒して出兵を請ふことを得」と規定された。

ここには本土が連合国により分断された場合、地方総監府の地域単位にて徹底抗戦の態勢を押し進めることが意図されていた。地方総監は内務省の直接の指揮を受けつつ、最終的には内閣総理大臣の形式的な指揮監督を受けるとされたのである。つまり、軍事権にも地方総監を媒介にしての内閣総理大臣が関与する態勢が採られたのであり、しかも、「非常急変」という最高度の有事状況への対応策の実行が念頭に据えられていたのである。もっとも、地方総監府は空襲の激化や国内連絡網の切断状況のなかで、中央政府の地方への連絡機関としての役割以上に目立った任務を遂行する機会を与えられなかった。

しかしながら地方総監府制の公布は、中央政府への権力集中が、文字通り「非常急変」＝有事の状態を前提としながら強力に実行されようとしたことを意味するものであり、有事法制整備のために、地方自治もその権限も決定的に狭められていったことだけは、繰り返し確認しておかなければならない。

特例措置法の形式

このほかに有事法制のありようを示すもう一つの事例が、有事＝戦時に限定される特例措置の設定である。例えば、東条英機内閣下で制定公布された戦時刑事特別法（一九四二年二月公布）、戦時民事特別法（同前）、戦時行政特例法（法律第七五号・一九四三年三月一八日公布）を始め、さらに、戦時行政職権特例（勅令第一三三号・同前）、戦時教育令（一九四五年五月公布）、戦時緊急措置法（一九四五年六月公布）などの戦時法規・統制法規に代表されるよう既存の法体系に戦時特例を設定していく方法が採られた。

このなかで戦時行政特例法は、国家総動員と同様に勅令による委任立法であり、その勅令が戦時行政職権特例であった。同勅令によれば、「大東亜戦争に際し鉄鋼、石炭、軽金属、船舶、航空機等重要物資の生産拡充上特に必要あるときは内閣総理大臣は関係各省大臣に対し必要なる指示を為すことを得」と記され、総理大臣の各大臣への「指示」の権限を保証するものであった。

また、同法は、国家総動員法を一歩進めたものであり、「大東亜戦争に際し生産力拡充……の為特に必要あるときは勅令の定むる所に依り左に掲ぐる措置を為すことを得」として、①特定企業にたいして法律によって禁止、制限されている事項を解除できるとし、②法律により定められている官庁、管理の職権を他の官庁、官吏に行わせ得るようにした。

東条英機内閣は、この法律によって産業行政の一元的・集中的な運用を可能とし資材や発注をめぐる陸・海軍、あるいは各省間の対立を解消しようとした。しかしながら、これは議会で定めた法律の内容を行政機関が下位法令の勅命で変更し得るというもので、まさに法治主義の解体を意味するものであった。

こうした一連の内閣行政権強化を目指す措置にしても、内閣官制発足以来、各省大臣がその立場で明治憲法に規定された輔弼責任を負っていることに変わりなく、従って内閣総理大臣の権限強化を打ち出した機関設置によっても、必ずしも全面的な意味での内閣行政権の強化を果たすものではなかった。ここでも内閣官制および明治憲法によって規定された明治憲法体制の分権性が桎梏となっていたのである。従って、内閣行政権強化を確実に結果するためには、内閣官制および明治憲法の改正まで踏み込む必要性があったのである。

この他にも、地方行政・地方住民の動員に関する法制として、地方行政協議会令（一九四三年・勅令第五四八号）が制定され、道府県を北海道地方、東北地方などとブロック化した地方行政協議会を設置し、戦時地方行政の推進と総動員体制の確立を目指す試みが行われた。さらに、戦時刑事特別法や戦時民事特別法など、刑事・民事法に関しても「戦時」の名を冠して、国民の統制・監視を強める企画が打ち出された。

また、敗戦の年の一九四五（昭和二〇）年三月一九日に小磯国昭内閣が議会に提出し、同月二七日に制定された軍事特別措置法（法律第三〇号）は、政府が勅令によって土地・建物・工作物などを管理・使用・収用することなどを可能とする法律であった。さらに、同年六月二一日に制定された臨時緊急措置法（法律第三八号）は、本土決戦を呼号する政府に全権を委任した最高度の授権法としてあった。それは既存の法令の規定により束縛を受けることなく、軍需生産の増強・食料などの生活物資の確保・運輸通信の増強・税制の適正化などの措置事項を定めていた。

このように政府は最後の最後まで、一片の法律によって幾重にも国民の人権や財産の強制的な管理や収用などを繰り返していたのである。それで、既成の法体系に有事特例を設けていく有事法体系の整備は、行政制度や刑法制度の軍事化を志向するものであり、時間的効率性や反発の回避可能性などの諸点において政府当局にとっては都合の良い法体系への梃子入れであった。

しかしながら、戦前期の有事法体系の全体を概観すると、明治憲法体制の基本的な特徴である権力機構の分立制に規定された個別法としての有事法体系には限界があったことが理解できる。特に、高度な総力戦として展開されたアジア太平洋戦争に対応する国家総力戦体制の創出は、以上において要約してきた危機管理・有事法体系でも限界は明らかであったのである。

『写真週報』一九四一年五月一〇日号表紙

第四章 国家総動員法成立前後の有事法制

1　産業動員関連法

経済産業動員論の登場

戦前期有事法の軌跡を追い、その実態を的確かつ可能な限り平易に捉えようとする場合、陸軍省の臨時軍事調査委員会がまとめた「国家総動員に関する意見」(一九二〇年五月)に要約された国家総動員構想が参考となる。そこでは、国民動員、産業動員、交通動員、財政動員、その他の諸動員の総称として国家総動員の名称が与えられた。国家総動員法は、一九三八(昭和一三)年四月一日に公布(同年五月五日施行)されるが、この法律自体五つの各種動員を重層的に取り込んだ、極めて広範な領域をカバーする法律であった。

この国家総動員法によって、戦前期有事法制の内容と役割の全容がただちに明らかにされるわけではないが、これ以後の有事法制の多くが同法の規定に従い法制化されていったことを見れば、同法がいわば戦前期有事法制の頂点的位置を占めていることは間違いない。

また、経済産業の領域において、戦時だけでなく、平時から戦争目的の実現のために動員体制を敷くことの必要を説く経済産業動員論は、第一次世界大戦における総力戦という戦争形態の出現を背景としていた。総力戦の内容と特質は、武力戦の性格変化、経済・工業動員の比重増大、思想・精神の動員の必要性と三点に要約される。むろん、この三点は相互に規定しあう関係にある。

このうち武力戦の性格には、敵の殲滅征服を最終目標とする殲滅戦略と、敵の軍事力の消耗を強要して、その戦争能力を奪う消耗戦略とに二分される。前者は速戦即決の戦果を目的とし、兵備の大量集中動員を図り、開戦当初から積極的な作戦行動の展開を要件とする。これを達成するために平時から戦略物資・資源の備蓄、多数の基幹部隊の保有維持、兵役期限の延長、軍事予算の増強、攻撃的兵器体系の整備などが重視された。

一方、後者は敵の兵力資源の消耗を第一とする長期戦を前提とした作戦方針を採用し、開戦当初では最小限の兵力動員を実施するにとどめ、決戦時期まで兵力の温存を図る。そして、戦略物資の必要以上の備蓄は行わず、軍事予算は相対的に低目に抑えておくことを要件とする。

総力戦段階では、近代的兵器の大量出現によって殲滅戦略の遂行の機会が増大したが、その反面で防御兵器の発達もあって殲滅の可能性も減殺され、戦闘領域の拡大という状況と併せて長時間を要する消耗戦略の採用が必然化することになった。ただ、両戦略のうちいずれに、より大きな重点を置くかの問題は、国家の諸力、つまり、政治的・経済的・地理的・文化的諸条件によってある程度規定される。

総力戦段階における両戦略の選択は、巨大な軍事的・経済的消耗を結果させることになったが、第一次世界大戦の敗北により崩壊したドイツ帝国最後の参謀総長であったハンス・フォン・ゼークト（一八六六～一九三六）は、「戦争を決定するという意味において殲滅戦略を決定するには資材がまったく欠乏し、この欠乏は時と共にますますその度を加えた」（ゼークト『一軍人の思想』）とし、総力戦における経済・工業動員の比重の増大を指摘した。

実際に総力戦段階における経済は、それまでの戦争形態に見られた戦費中心の戦争経済に代わって巨大な軍需生産力の不断の拡充を目標とせざるを得ない。そこでの経済は、国民の一部だけでなく全体が戦力化され、その論理的帰結として経済の全面的統制化・計画化が不可避となる。それゆえ、総力戦に適応する経済は、平時から戦時への全面的準備が強行される結果、経済における平戦両時の区別が解消され、総力戦経済は戦時経済よりも広義の国防経済という性格を顕在化させる。

この国防経済の出現こそ、総力戦がいかに強大な軍需品の消耗のうえに戦われるかを証明するものであったことから、総力戦においては軍需品の生産能力が勝敗を左右する決定的な要素となり、経済・工業動員は総力戦準備の最重要課題の一つとなった。これに関連して第一次世界大戦にフランスの第一軍司令官として戦闘に参加したマリー・E・デブネ（一八六四～一九四三）は、「若《も》し工業動員が行われない場合には、貯蔵器材は迅速に消耗してしまうに違いない。即ち一は戦争を開始せしめることを得しめ、他はこれを続行させるのである」（デブネ『戦争と人』）と述べている。このように総力戦が巨大な軍需品の消耗を招来するとした場合、軍需品の長期にわたる安定供給は、戦闘継続のための最大の課題となるのである。

徴発令から軍需工業動員法まで

有事法が戒厳令の究極目標だとすれば、その「軍政」を物理的に保証していく有事法として戒厳令と表裏一体の関係において制定されたのが徴発令（一八八二年八月一二日公布）である。それは、朝鮮の政変（同年七月発生）である壬午《じんご》の変への対応策として起案された経緯があったが、近代戦争の戦争形態が総力戦として全面化するに及び、有事体制の根幹を占める重要な有事法として動員法の起点となるものであった。

徴発令は、その第一条で「徴発令は戦時若くは事変に際し陸軍或は海軍の全部又は一部を動かすに方《あた》り其所要の軍需を地方に人民に賦課して徴発するの法とす但平時と雖も演習及び行軍の際は本条に准ず」と明記し、戒厳令と同時に発動された。具体的には、陸・海軍が発行する徴発書により、陸海軍卿（後の陸海軍大臣）、師団長、鎮守府長官、艦隊司令官、部隊長などに、食料・燃料・馬匹・輸送機器・船舶・鉄道車輛・被服・薬剤・病院・職工・鉱夫・人夫などが徴発の対象とされた点で、後の総動員関連法の嚆矢となった。

さらに、徴発令には、皇族所用の車馬、皇族の邸宅、陸・海軍将校が居住する家屋などが徴発の例外として規定されたが、特権層を除く全ての国民が徴発の対象と明記された点で、文字通りの総動員令として策定された。また、同令には、徴発する場合には賠償や代価の支給が規定され、これによって国民の一方的な不利益が生じない措置が用意された。これには徴発が円滑に行われ、無用の反発や徴発拒否の事態を回避する狙いがあったものと考えられる。

しかし、現実に徴発の対象とされた場合、徴発による欠損を充分に補償する金額などが提示され、かつ実行されたかは定かでない。ただし、国民動員の際における損害補償規定は、この種の総動員立法には不可欠な措置として以後受け継がれていくことになる。その一方で、徴発を拒否する者への処罰規定も盛り込まれ、同令には徴発拒否者および徴発拒否を教唆誘導した者には、「一ヶ月以上一年以下の軽禁固に処し三円以上三十円以下の罰金を附加す」（第五一条）の規定が設けられていた。この罰則規定の設置により、徴発命令への服従を要請することで、業務の速効化・円滑化が図られたのである。

このように徴発令は様々な規定を設けることで国民に厳しい負担を強いることになったが、国家総力戦という近代戦争の戦争形態が登場する以前から、後の軍需工業動員法や国家総動員法に引き継がれる内容を持った動員法としての徴発令が、これまた明治憲法制定以前に制定された点は注目に値する。それは、近代日本国家の指導者たちが、有事国家形成の必須の条件として、人的物的動員システムの整備を明治国家成立とほとんど同時に構想していたことを示すものであった。

軍需工業動員法の位置

一九一七（大正六）年一二月二一日、当時陸軍の参謀総長の地位にあった上原勇作は第一次世界大戦の終結と同時に発生したシベリア出兵による軍事的緊張の高まりと、日本軍出兵の事態に備えて軍需品に関する法整備の必要を強く意識していた。

これより先に、陸軍当局は第一次世界大戦後における戦争形態が国家総力戦段階に入ったことを踏まえて、特に軍用に適する自動車の製造や自動車保有者に補助金を交付し、戦時において拠出命令を可能とする軍用自動車補助法（法律第一五号）を同年の三月二五日に公布していた。それは国内自動車産業の奨励・育成を主眼としていたが、広義の意味において徴発令に類するものとも言えた。その意味からすれば、部分的動員令として捉えられる。

これ以後、より広範な軍需工業動員の法制化が検討され始めたが、陸軍省の軍務局軍事課と兵器局銃砲課は、一九一八年二月一八日、陸軍大臣大島健一に軍需品管理案の成案を提示した。それは現有の徴発令や戒厳令、それに鉄道併用令では最大の消耗軍需品である武器弾薬の確保は不可能であり、そのために軍需品管理案によって製造補給能力の拡充が特に軍当局から強く要望されてきた経緯があったからである。

既存の動員法としての徴発令は民間に現存する物資や施設の動員を対象とした法律に過ぎず、軍当局としては武器・弾薬などの軍需品をも含め、戦時における軍需品の生産・修理・貯蔵・輸送を目的とする事業場・施設・土地家屋・従業員などの使用・管理・収用を規定しようとした。また、平時にあっても軍需品の生産能力や貯蔵状況の調査・報告の義務や命令をも可能とする内容を盛り込もうとした。

同案は海軍省および法制局とも協議折衝を重ねて作成され、その結果陸海軍大臣が連署して閣議決定された軍需工業動員法閣議請議案は、「戦時国家の資源を統一的に使用し軍需の補給を迅速且円滑ならしむる為本法の制定を認む」を提案理由とするものであった（陸軍省編『密大日記』一九一八年）。同案は三月二〇日に衆議院、三月二六日に貴族院でそれぞれ可決され、全文二二条から成る軍需工業動員法（法律第三八号）として四月一七日に制定公布された。

同法の内容は、平時において毎年定期的に工場、事業場輸送機関、軍需品、従業労働者の実態調査を行い、それによって戦時補給の計画を進めておき、戦時に政府がこれらを管理・使用・収用・徴用することを定めたもので、戦時における軍需品の動員体制を敷くことに狙いがあった。それは、現有する諸資源の供出を目的とした徴発令と異なり、戦時に必要と予測される諸資源の創出に重きを置いた点で、より実効性の高い有事法制として位置づけられるものであった。

軍需工業動員法は、兵器・艦船・航空機・弾薬・軍用器具・機械・燃料・被服・糧秣など、同法の適用対象となる目的物の範囲を定めた第一条、戦時における動員実施に関する事項を規定した第二条から第九条までのうち、動員すべき工場や事業場の範囲とその動員方法を定め、これによって政府が軍需品の生産・修理のため必要とする工場や事業場を管理・使用・収用可能とした第二条、戦時に必要な土地・家屋・倉庫・海陸運送用物件やその付属設備の動員方法を定めた第三条、工場や事業場の従業者を政府が徴用することを定めた第四条、収用・徴用に対し、政府の損害補償の義務や権利保護を規定した第五条などを基本とするものであった。

以下、軍需品とその原料の動員方法（第六条）、必要な物件の動員方法（第七条）、兵役にある者、兵役にない者をそれぞれ召集・徴用して軍需工業動員業務に従事させる規定（第八、九条）、収用物件の復員方法の規定（第一〇条）、設備施設としての工場・事業場・鉄道・船舶・軍需品原料に関して政府が必要な報告を受ける権能を有することの規定（第一一、一二、一三条）、工場・事業場の所有者に対し軍需品の生産・修理・貯蔵を目的として政府が利益保証や奨励金の下付とその算定方法又はその事業を継承する者の権利義務に関する規定（第一四、一五、一八条）、官吏や吏員が工場・事業場の実態調査のため立入り検査を認める規定（第一六条）、発明権の保護の規定（第一七条）、同法に違反した者にたいする罰則規定（第一九〜二二条）によって構成されていた。

軍需工業動員法制定の狙いについて議論された第四〇回帝国議会において、同法の実質的提案者であった陸軍大臣大島健一は、一九一八年三月五日の衆議院で趣旨説明において、同法の目的を平時より戦時工業動員の準備を規定する永久の法律であり、法的強制力により収用・徴用を実行するものであること、またこれに反した者を対象とする罰則規定を設けてその実効性を期待するものであることを述べた。

また、大島陸相は、憲政会の小山松尋が同法を軍需工業だけでなく広義に軍事動員あるいは国民動員として適用範囲の拡大を主張したのに対し、「主として平時の取調べをしたいと云ふ計画、即ち平時調査をして戦時動員をして、陸海所要の軍需品の生産を図ろうと、斯う云ふことが平時の規定でありまして、是丈《これだけ》が終始行われて行き、又それが必要と認めたからして、此工業動員といたしたものであります」と答弁している（『大日本帝国議会誌』第一一巻）。これは小山議員の提言のように軍事動員（国民動員）とした場合、その規定が戦時に限定される可能性があり、大島陸相は同法があくまで平時準備の一環として提案されたことを強調したのである。

しかし、実際の条文規定では、第一条から六条までの実施が「戦時」に限定され、事実同法が全面発動されるのは、一五年後の一九三七（昭和一二）年八月の日中戦争開始後であった。すなわち、陸軍は全面戦争を想定して同法の発動を要求し、第七二臨時議会において事変に適用する法律を制定（一九三七年九月一〇日公布）することになった。その結果、同月二四日には工場事業場管理令が公布され、翌一九三八年一月の時点で約一五〇ほどの工場を政府の管理下に置くことになったのである。

この他にも、一九三七年九月以降には、輸出入統制や広範な物資統制の権限を政府に与え授権立法の一つとして後の国家総動員法の先駆となった輸出入品等臨時措置法、金融統制の基本法であった臨時資金調整法、それに臨時船舶管理令などが相次ぎ公布された。これらの法律も結局は、軍需工業動員法の補完法として機能することに狙いがあったのである。

政府直轄型の産業動員法

徴発令を嚆矢とし、軍需工業動員法によって先鞭が付けられた一連の工業動員法は、昭和の時代に入り各種の企業動員法と一括できる有事法制を相次ぎ成立させることになった。例えば、一九三六（昭和一一）年五月二八日に公布された自動車製造事業法（法律第三三号）は、先の軍用自動車補助法を基礎とし、「国防の整備及産業の発達を期する為帝国に於ける自動車製造事業の確立を図ることを目的とす」（第一条）とし、自動車産業を基幹産業と位置づけたうえで、軍事動員の主力として自動車産業の国家統制管理を規定したものであった。

同法には確かに国内自動車産業の保護育成という要素があったが、その最終目的は、「政府軍事上必要ありと認むるときは自動車製造会社に対し軍用自動車又はその部分品の製造、自動車に関する特殊事項の研究又は特殊設備の施設其の他軍事上必要なる事項を命ずることを得」（第一七条）という規定に遺憾なく示されていた。明らかに、軍事動員の一環として位置づけられていたのである。その点から電気事業に対して主務大臣が、「公益上必要ありと認むる場合に於いて」（第二四条）のみ命令や協議を行うことを可能とする電気事業法（法律第六一号・一九三一年四月一日公布）と比較しても軍事動員の目的性が前面に押し出されていたことが判る。

このような基幹産業への軍事動員の円滑化という観点から、国家による平時からの統制管理を目的とした法律の整備は、日中全面戦争以降急速に進められた。とりわけ、企業統制法として中心をなした各種事業法に基づく許可会社として、一九三七（昭和一二）年八月一三日に公布された製鉄事業法（法律第六八号）には、自動車製造事業法と同様に、「政府軍事上必要ありと認むるときは」で始まる第二一条において、国家管理が明記されていたのである。より具体的には、設備の新増設や廃止などを政府による許可制とし、併せて生産拡張・供給数量、それに価格自体も政府の命令によって決定されることになった。

なお、この時期に相次ぎ制定公布された同種の事業法として、人造石油製造事業法（同年八月一〇日）、航空機事業法（一九三八年三月三〇日）、工作機械製造事業法（同）、造船事業法（一九三九年四月五日）、軽金属製造事業法（一九三九年五月一日）、有機合成事業法（一九四〇年四月四日）、重要機械製造事業法（一九四一年五月三日）などがあり、これらの諸事業を厳しい統制下に置くことで事実上の政府直轄型の経営が貫徹されることになった。しかしながら、政府直轄型の経営が貫徹された企業には、営業収益税・地方税・輸入税などの免除、奨励金や助成金などの様々な優遇措置が採られ、手厚い保護が施された。それは、許可会社に指定された産業部門が軍需動員の最重要部門であったからである。

有事動員を目的とする諸政策

軍事動員を政府の権限でより確実に実行していくための方法として、政府が企業の資本金の半分を出資する特殊会社があり、通常国策会社と言われるものである。その実例として、日本発送電株式会社法（法律第七七号・一九三八年）による日本発送電株式会社があり、さらに石炭配給統制法（法律第一〇四号・一九四〇年）による日本石炭株式会社などがある。

ただ前者は、個別企業を完全に解体して新たな会社を創立したのであり、後者は個別企業を存続させ、それを上から統制した方法の違いがある。さらに、日米戦争を目前に控えるような戦時体制化のなかで、政府はより広範な産業動員を実行するために、産業設備営団法（法律第九二号・一九四一年一一月二五日公布）において産業設備の拡充に政府が全面支援する態勢が整えられ、このなかで重要産業団体令は、政府が指定した「重要産業」への統制を統制会や統制組合という官営組織によって図ろうとするものであった。交易営団法（法律第二六号・一九四三年）とともに、経営と所有を完全に分離して政府の統制を絶対的なものにしようとしたのである。これは、政府が任命する理事機関に経営が委ねられた点で企業統制の頂点的な意味合いを持つものであった。

また、同令は軍需品の生産集中を目的とした強制カルテル立法として、国家の統制管理に難色を示した独占資本を取り込む形で、国家総動員法の第一八条に基づく勅令として公布されたものであった。これはいわば国家社会主義的な形式を踏んだ重要産業の国家管理化であり、軽金属・皮革・油脂・ゴム・化学などの工業製品や原料の軍事管理・軍事動員の徹底化を目的とするものであった。この他にも政府は、アジア太平洋戦争下において企業統制・管理に関する法律を相次いで制定公布している。例えば、企業許可令（勅令第一〇八四号・一九四一年一二月一一日公布）、兵器など製造事業特別助成法（法律第八号・一九四二年二月一三日公布）、企業整備令（勅令第五〇三号・一九四二年五月一三日公布）などがそれである。

企業許可令は、なかでも企業の新規開業や設備の新設・拡張は統制会を通して許可制とした。企業管理を目的とした企業許可令や中小企業の整理・淘汰に関する法的強制力を発揮して、中小企業従業者を軍需品生産のための重要産業部門への転用を図ろうとしたのである。また、企業整備令のように、軍事動員に直結する企業動員法としての性格を色濃くもった法律としてあった。国家総動員法第一六条の規定に基づき制定された企業整備令は、商工大臣が事業設備・権利の種類を指定し、さらに譲渡・出資・使用・移動などの制限や禁止を可能とする権限を与えたものであった。これら政府の企業に対する統制の根底には、「生産力の拡充は公益優先主義に基きて採算関係を離れて専ら国家の必要に従ってなさねばならぬ」とする「公益優先主義」が強調されていたのである。

準戦時体制から戦時体制への移行過程で、有事に対応する経済政策として浮上してくるのが財政・金融・租税に関する既存の法制の再検討である。とりわけ、戦争準備および戦争遂行の過程で大きな課題となる軍事費の増大への対応策として打ち出されたのは、赤字公債の発行と国民への重税であった。

公債の発行は、満州事変期において満州事変に関する経費支弁のため、公債発行に関する法律（法律第一号・一九三二年）を嚆矢として政策化されていくが、政府は日中全面戦争を境に軍事費の急激な増大に対応して赤字公債発行のための通貨増発を可能とする兌換銀行券の保証発行限度の臨時拡張に関する法律（法律第六四号・一九三八年）を制定した。日米戦争期に入ると政局は赤字公債発行を目的とする通貨の発行限度を大蔵大臣の権限とする兌換銀行条例の臨時特例に関する法律（法律第一四号・一九四一年）を制定し、赤字公債の発行に拍車をかけることになった。それは最終的に、大東亜戦争に関する臨時軍事費支弁の為公債発行に関する件改正法律（法律第八号一九四三年）の制定により、無制限の公債発行が可能となった。

公債発行の無制限化措置は、戦時における軍事費確保を目的としたものであった。同じく軍事費増大への措置として講じられたのが税制の改革と税源の拡大であった。その具体策として、臨時租税増徴法（法律第三号・一九三七年三月三〇日公布）を嚆矢とし、日中全面戦争後に北支事件特別税法、次いでその翌年には支那事変特別税法（法律第五一号・一九三八年三月三一日公布）の制定が相次いだ。

戦費調達を目的とした増税措置は、部落会・町内会をも納税責任団体に指定して強制的な納税措置の徹底化を図った納税施設法（法律第六四号・一九三八年）や、貴石・真珠・貴金属品などの贅沢品を対象として新たな税負担を命じた物品税法（法律第四〇号・一九四〇年三月二九日制定）、料理店・貸席・旅館などにおける遊興や飲食を課税対象とした遊興飲食税法（法律第四一号・一九四〇年三月二九日公布）などが次々と準備された。その一方で軍需関連産業に該当する企業に対して税上の優遇措置を講じた戦時特別税措置法（法律第五二号・一九三八年三月三一日公布）も準備された。

このように準戦時体制から戦時体制の構築過程において有事対応を目的とした国家財政の有事化ともいえる税法の制定や改正が繰り返されたが、それは単に国民の税負担を重圧化していったばかりでなく、本来あるべき国家財政の合理化・健全化という点からして極めて危険な政策であった。

2　国家総動員法の成立と展開

有事体制の基盤形成

戦時体制化の進行は、同時的に経済や産業に対する政府による統制が強化され、資本主義の原則である市場原理が極力排除されることになる。市場原理を原則とする本来の資本主義体制が、その根底から改編される結果として戦争経済が出現する。その戦争経済の本質が最も典型的に表れるのは、国家・政府による価格統制であり、消費者の消費行動まで介入する生活統制である。

統制法規として最初に挙げなければならないのが、一連の統制法規の基本法とも言われる輸出品等に関する臨時措置に関する法律（法律第九二号・一九三七年九月一〇日公布）である。同法律は日中全面戦争下において輸出入品目をも含め、広範な物資統制の権限を政府に付与するものであった。より具体的には、政府が独自の判断で必要と認めた場合、輸出入品の制限・禁止、またそれに関する製造・配給・譲渡・使用・消費についての命令権を商工大臣に付与したものであり、授権立法の一つであった。いわば翌年四月に制定されることになる国家総動員法の先駆的な位置にあった。

それは国家総動員法第一九条に基づいて制定された価格等統制令（勅令第七〇三号・一九三九年一

〇月一八日制定）において全面化され、戦時経済の進行による物価上昇を抑制する目的から、既存の各種商品価格取締規則と暴利取締令を廃して一年間の時限立法として制定された。結果的には、一九四〇年九月に延長が決定され、戦後に至るまで存続することになった。物価抑制や増産政策の矛盾、それに公定価格の度重なる改訂など、経済運営策として一貫性と合理性を欠いたことから当初の目的は充分に達せられなかった。

また、工場事業場管理令（勅令第三一八号・一九三八年）、統制会社令（勅令第七八四号・一九四三年一〇月一八日公布）、戦時建設団体令（勅令第一五二号・一九四五年三月二八日公布）、総動員業務事業設備令（勅令第四二七号・一九三九年七月一日公布）なども、経済統制法規の範疇に括れる法整備であった。

次に、有事体制のなかで産業生活エネルギーの統制が極めて重要な課題として浮上してくる。このうちで、電力管理法（法律第七六号・一九三八年四月六日制定）は、発送電の事業に対する国家管理を目的とした法規であり、翌年四月に設立された特殊会社である日本発送電株式会社（日発）への強制出資命令権が政府に与えられた。ちなみに日発は、資本金七億四〇〇〇万円、水力発電一八ヶ所、火力発電三四ヶ所、変電所一一五ヶ所、送電線総延長七四九七キロメートルの規模であったが当該期における電力需要には充分に対応できず、政府は電力消費そのものを規制するために電力調整令（勅令第七〇八号・一九三九年一〇月一八日公布）によって一段と国家統制を強化することになった。同令は翌年の一九四〇年二月に発動されて消費規制が本格化され、さらに、一九四二年八月に配電統制令が制定されて電力事業に対する国家統制が完成する。

　電力と並んで日本の基幹エネルギーであった石炭にも統制の網がかけられていく。その代表例が石炭配給統制法（法律第一〇四号・一九四〇年四月八日公布）であり、その後相次ぎ制定されていった物資統制令（勅令第一一三〇号・一九四一年一二月一六日公布）、貿易統制令（勅令第五八一号・一九四一年五月一四日制定）、金融統制団体令（勅令第四〇〇号・一九四二年四月一八日公布）、金融事業整備令（勅令第五一一号・一九四二年五月一六日公布）などは、一括して経済統制法規と称することができる。

　次に農業統制法規をも見ておきたい。有事体制を支える上で重要な課題の一つに食糧の自給自足体制の確立があった。それは直接的な意味で食糧確保の必要性の拡大と、日本の労働力を安価に確保するための米価の抑制という課題であった。そのために、小作料統制令（勅令第八二三号・一九三九年一二月六日）が制定され、小作料額や種別などの小作条件を一九三九年九月一八日現在で固定し、これ以後の小作条件の変更は地方長官の許可制とすることで小作料の統制を敷いた。

　この他にも農業生産の確保を目的とし、農地価格の下落抑制を意図した臨時農地価格統制令（勅令第一〇九号・一九四一年一月三〇日公布）や、稲作を中心とする重要農産物の生産拡充を目的とする臨時農地等管理令（勅令第一一四号・一九四一年二月一日公布）および農業生産統制令（勅令第一一三三号・一九四一年一二月二七日公布）などが相次ぎ整備された。これら一連の農業統制法規の集大成的な法律として制定されたのが食糧管理法（法律第四〇号・一九四二年二月二一日公布）である。同法は、食糧の国家管理を目的とする農業・食糧関連の有事法制の頂点的位置にあり、アジア太平洋戦争突入後における完全な食糧自給体制の構築を目的としていた。

同法は、また従来の米穀統制法、米穀自治管理法、米穀配給統制法などを統合したものであり、主要食糧の政府への供出を定めた米穀供出制度や、政府が購入する米穀の配給制など規定した。これによって米穀を中心に食糧の生産・流通・価格など全てが、政府の統制下に置かれることになったのである。

多方面にわたる有事法制の整備

有事体制の物的保証措置として軍事施設用の土地を国家が随意に強制収容可能な法律を整備しておくことは、明治国家最初の本格的な対外戦争であった日清戦争後に着想された。それで日露戦争を控えた一九〇〇（明治三三）年三月に制定された土地収用法（法律第二九号・一九〇〇年三月七日公布）によって、その先鞭がつけられた。同様の着想から同じく明治の時代には、鉄道軍事供用例（勅令第一二号・一九〇四年一月二五日公布）がある。

前者の場合には、第二条の冒頭における「国防其の他軍事に関する事業」（第二条の第一項）で土地収用の対象とすることが明記され、後者の場合には第二条において「会社は陸海軍官庁官憲の要求に従ひ軍事輸送を為すべし」と鉄道の軍事利用に全面的に従うことを命じていた。

建築物への政府による規制は、原敬内閣の時代に早くも開始され、具体的には市街地建築物法（法律第三七号・一九一九年四月五日公布）により、「保安上危険と認むるとき」（同法第一七条）には、主務官庁が改築・修繕・使用禁止などの措置を可能とする法律を準備していた。

同じく原内閣期には、道路法（法律第五八五号・一九一九年四月一一日公布）が制定され、国道の認定条件を「主として軍事の目的を有する路線」（第一〇条第二項）とし、全国の主要幹線道路として国道網が整備されるなかで軍用道路としての位置づけが明確にされた。そして、「国道は府県知事、其の他の道路は其の路線の認定者を以て管理者とす但し勅命を以て指定する市に於ては其の市内の国道及府県道は市長を以て管理者とす」（第一七条）とあるように、政府による主要道路管理統制が法制化されたのである。

日中全面戦争の開始（一九三七年七月七日）は、急速な軍需動員を必要としたが、同時に重要な課題として浮上したのは、中国戦線への軍需物資や兵員の大量輸送の問題であった。そこで政府は船舶運航業者・船舶保有者・造船業者に対し、その業務内容や船舶職員の実態の報告を始めとして種々の統制管理を目的とする臨時船舶管理法（法律第三三号・一九三七年九月一〇日）を制定公布した。

さらに戦時体制が強化され、北部仏印への武力進駐（一九四〇年九月）の開始に伴う対英米関係の悪化が明らかになった翌年には、船舶保護法（法律第七四号・一九四一年三月一七日）を制定公布して船舶保護を名目に、海軍大臣に一定の権限を付与することで、実質船舶の統制を強化する手段が講じられた。また、逓信大臣に港湾運送業者への統制・管理の権利を付与する内容の港湾運送業等統制令（勅令第八六〇号・一九四一年九月一七日公布）や海運統制令（勅令第五〇四号・一九四二年五月一五日公布）、さらには戦時海運管理令（勅令第二三五号・一九四二年三月二五日制定公布）などが順次準備されていった。

このように輸送施設や人的資源の動員は、当然ながら陸運関連にも及び、陸運統制令（勅令第九七〇号・一九四一年一一月一五日公布）が制定公布された。これは鉄道大臣に鉄道輸送の軍事的利用を円滑に行いうるための権限を付与する法律であり、道路法戦時特例（勅令第九四四号・一九四三年一二月二七日公布）も同様の有事法制であった。これら一連の海運・陸運関連への政府・軍による統制管理法が着実に準備され始めていたのである。その他通信手段に関する統制管理法も、例えば、非常時に於ける電話連絡に関する件（逓令第一四号・一九四三年二月九日公布）、戦時に於ける電話の特例に関する件（逓令第八九号・一九四三年七月一日公布）などが用意されていた。

以上、戦時体制化が進行する過程で、輸送・通信など諸施設の動員を目的とする統制管理の強化をも含め、実に多方面にわたる有事法制が着々と整備されていった。その結果として、戦時体制あるいは国家総動員体制の構築が押し進められたのである。そして、一連の有事法制の総仕上げ的意味として登場するのが国家総動員法であった。

国家総動員法の成立

今日の周辺事態法との比較のなかで頻繁に俎上にあげられるようになった国家総動員法（法律第五五号・一九三八年四月一日公布）を以上の視点から捉え返した場合、それは有事対処を目的とした能動的な有事法の頂点的位置を占めるものとしてあり、第一次世界大戦を契機とする戦争形態の総力戦化に対応して、国家全体が保有する諸力を戦争目的のために国家の統制・管理下におく法律であった。

同法は、第一次世界大戦を契機として将来の戦争が国家の総力を挙げての戦争（＝国家総力戦）となるのは必至と考えた財界や官僚、それに陸・海軍の中枢が、平時から国家総力戦に対応できる国内の政治経済の戦争動員体制への転換を目的として制定した軍事法（＝有事法）であったのである。

国家総動員は、国民動員・産業動員・交通動員・財政動員・その他の諸動員に分別されるが、その全体をまとめる概念として国家総動員なる用語が使われた。第一次世界大戦後、実に様々な軍需工業動員法など特定領域の動員を目的とする、いわば〝個別的動員法〟が次々と公布されていったのである。

加えて、国家総動員法は、「国の全力を最も有効に発揮せしむる様《よう》人的及物的資源を統制運用する」（第一条）目的を完璧に達成するため、法律ではなく天皇の命令である勅令《ちょくれい》により、国民の徴用・団体などの協力・雇用の制限・労働争議の防止・物資の需給調整・輸出入の統制などを命令する権限を政府に与える、包括的な委任立法として制定公布されることになった。つまり、帝国議会の承認を得ないで、政府の独自の判断で戦争に必要なあらゆる人的物的資源の全面的統制や動員を容認した白紙委任立法として成立したのである。

それはまた、明治憲法の第三一条に規定された天皇大権・緊急勅令などの国家非常事態条項が内閣の命令権による総動員条項に切り替えられることを意味した。

国家総力戦に備えて天皇大権を侵してまで、また議会・政党・法律によって政府に絶対的な命令権を与えたが、そのことは同時に議会や政党など、民主的な諸制度を事実上窒息状態に追い込むものであった。だが、国家総動員体制の構築を急ぐ政府は、あえて憲法違反の法律を議会内の反対を押し切る形で強行したのである。

その意味で、国家総動員法は、行政権力の肥大化と帝国議会の有名無実化を徹底して押し進めた勅令万能主義を基本的な特質とし、また特例措置として設定されたものであったと言える。それは、「行政の軍事化」をもたらした点で、有事法の典型事例をなすものであった。国家総動員法の制定公布以後、日米開戦に至るまでに実に二〇〇件以上の有事法が制定公布されていくが、それらの多くがこの国家総動員法の規定に基づく勅令万能主義の構造のなかで法制化されていったものであった。

その勅令万能主義が結果したものこそ、内閣行政権力の肥大化であり、議会の有名無実化であった点を繰り返し確認しておくべきであろう。つまり、国家総動員法は端的に言えば、天皇が保有していた統治権さえ制限し、政府＝内閣の行政権に戦争を目的とする総動員体制構築の絶対的な権限を与えたものであり、絶対主義的な天皇制支配の構造を内部から突き崩す形を採ることで、国家の総力を動員するシステムを創り出した。そこでは、例えば、「政府は戦時に際し国家総動員上必要あるときは勅令の定むる所に依り帝国臣民を徴用して総動員業務に従事せしむることを得」（第四条）とする規定から判るように、政府＝内閣の権限を明確にしていたのである。

国家総動員法と天皇大権

ここで問題となるのは天皇の保有する統治大権＝天皇大権と国家総動員法との関係をどう位置づけるかである。周知のように国家総動員法が広汎な勅令への委任を行う、文字通りの白紙委任の授権立法として成立したことから、同法が明治憲法第三一条が規定する非常大権に抵触する可能性への指摘が各界から提起された。

なかでも帝国議会のメンバーからは、天皇大権や枢密院諮詢権限への侵犯を理由に明治憲法違反という観点からする猛烈な反発が起きたのである。例えば、政友会の牧野良三（戦後、第三次鳩山一郎内閣の法務大臣）は、一九三八年二月二四日の第七三回帝国議会衆議院で、同法が明らかに明治憲法に違反し、大権を干犯するものであると主張した。それは次の内容である。

大権と雖も憲法第三一条の国家非常の場合、即ち戦時若くは国家事変の場合にあらざれば、臣民の権利義務に関する規定は動かされないのである、然るに大権に依らず此国家総動員法と云ふ一片の法律に依つて、内容を自由にせんとするもの是れ即ち本法にして、正に大権の干犯《かんぱん》でありまず此の点に対して政府は幾多の機会に於て説明して言われるのに、憲法第二章の臣民の権利義務に関する規定は絶対的のものでなく、法律の範囲内に於て権利を有し、義務を負ふのであるが、……臣民の権利義務に関する事項を一括して……行政権に包括委譲せん（『帝国議会衆議院議事速記録』70）

これに対する政府の答弁は、「憲法第三一条の非常大権は、実に最後的場合であつて、成るべく之に依らないのが宜しい」（同前）というものであった。牧野の主張は、明治憲法第三一条の非常大権こそ、明治国家が「非常時」「緊急事態」に陥った場合に、これへの対応する全面的権限が天皇の大権に厳然として規定されたものであるのに、内閣行政権に非常大権が実質的に委譲されたとは、絶対主義的天皇制国家の相対化であるとするのであった。それはまた、絶対主義的天皇制国家を根拠とする議会＝政党の格下げを意味することへの危機意識の表明でもあった。

この牧野の主張と同様に、国家総動員法が明治憲法第三一条の非常大権においてのみ権利の制限が許されているにもかかわらず、同法がこの規定を全面否定して勅命により権利の制限を犯しているとする理由からの反対論は、他にも決して少なくはなかった。例えば、民政党議員で法律通として知られた斎藤隆夫（戦後、第一次吉田茂内閣の国務大臣など歴任）の、「憲法に保障せられて居ります所の日本臣民の権利自由、法律に依るにあらざれば剥奪することの出来ない此権利自由を、法律に依らずして勅命を以て之を左右せんとするのであります」（同前）とする国家総動員法案への反対論である。

法理論上では天皇の「非常大権」が国家総動員法によって勅令に白紙委任されたことは、同法が明らかに天皇大権に優越する法律として機能することを意味した。同時に議会と政党と法律により、合法的に内閣＝政府に授権された全面的な戦時管理体制化を確立する基本法として、国家総動員が制定されたことは、明治国家の根本的な改編を促すものであった。

次に政府による労働力の統制管理について、国民動員法と一括できる法律群のうち、特に重要と思われるものを取り上げておきたい。

労働力統制

日中全面戦争開始以降、本格的な国家総動員体制が敷かれることになるが、その場合最大の懸案事項は国民の動員であった。国家総動員業務完遂のため、人的資源を統制確保するために急ぎ整備されたのは、労働者の職能を事前に調査把握しておくための法律群であった。例えば、国民職業能力申告令（勅令第五号・一九三九年一月七日公布）は、一六歳から五〇歳未満迄の男子の「帝国臣民」全てを該当者とし、「要申告者」と称して登録が義務づけられた。

同様な法律として戦時動員に伴う負傷者などの戦場復帰や労働力資源の健康管理の徹底と医療体制の拡充を図る目的で医療関係者職業能力申告令（勅令第六〇〇号・一九三八年八月二四日公布）が制定され、医師、歯科医師、薬剤師、看護婦などの職域にある者の把握が進められた。また、鉱業・製造業・土木建築業・道路・船舶・通信などに従事する一五歳から六〇歳未満迄の労働者に政府が発行する国民労務手帳の受領と使用者への提出を義務づけた国民労務手帳法（法律第四八号・一九四一年一二月八日公布）が制定された。

政府は同時期に人的資源の創出にも意を用い始め、徴兵による熟練工・技能工の減少を予測して新たな技能者を養成することを定めた学校技能者養成令（勅令第一三〇号・一九三九年三月三一日公布）や工場事業場技能者養成令（勅令第一三一号・一九三九年三月三一日公布）などを制定する一方で、既存の貴重な労働者予備軍の保護確保あるいは過剰な労働力資源の移動を抑制するため、学校卒業者使用制限令（勅令第五九九号・一九三八年八月二四日公布）や従業者雇入制限令（勅令第一二六号・一九三九年三月三一日公布）、労務調整令（勅令第一〇六三号・一九四一年一二月八日公布）などを用意していった。

この他にもほぼ同様の目的で用意された法制に、船員使用等統制令（勅令第七四九号・一九四〇年一一月九日公布）、従業者移動防止令（勅令第七五〇号・一九四〇年一一月九日公布）、労務調整令（勅令第一〇六三号・一九四一年一二月八日公布）、重要事業場労務管理令（勅令第一〇六号・一九四二年二月二五日公布）、工場法戦時特例（勅令第五〇〇号・一九四三年六月一六日公布）などがある。

このように労働力市場への政府の統制管理法が濃密に整備されていったが、人的資源の確保を目的とする法制のなかで最も重要な位置にあるのが国民徴用令（勅令第四五一号・一九三九年七月八日公布）である。それは、国民を戦争遂行に不可欠な重要産業部門に強制的に従事させる労務動員政策の一環として制定された。

制定当初は国民職業能力申告令による申告者を対象とし、総動員業務を担当する諸官庁の請求があった場合にのみ、厚生大臣から府県知事、そして職業紹介所長・市町村長の順に必要な労働者を選定・徴用するとしていた。しかし、総動員業務の拡大に伴う必要徴用者の増大により、一九四三（昭和一八）年七月の改正を境に総動員業務であれば強制的かつ権力的に労働者を徴用することになった。その結果、第二次世界大戦終了時までに合計六一五万名の被徴用者を数えることになったのである。

この他の徴用令に、船員徴用令（勅令第六八七号・一九四〇年一〇月二一日公布）、医療関係者徴用令（勅令第一一三一号・一九四一年一二月一六日公布）、獣医師等徴用令（勅令第三九号・一九四二年一月二八日公布）がある。また、既存の労働力を補完する目的で、一四歳から四〇歳未満の男子、一四歳から二五歳未満の女子を対象として志願による国民勤労報国隊の組織を定めた国民勤労報国協力令（勅令第九九五号・一九四一年一一月二二日公布）、教職員及び学徒からなる学校報国隊の組織を定めた学徒勤労令（勅令第五一八号・一九四四年八月二三日公布）、国民職業能力申告令による国民登録者である女子を対象とする女子挺身勤労令（勅令第五一九号・一九四四年八月二三日公布）などがある。

これら人的資源の最後的な意味合いをもつ法律が義勇兵役法（法律第三九号・一九四五年六月二三日公布）であり、それは本土決戦に備えて軍隊の後方業務、運輸・通信・生産などに動員するため、一五歳から六〇歳迄の男子、一七歳から四〇歳迄の女子を対象として強制的に従事させることになった。同法によって都道府県単位に連合義勇戦闘隊、その下に戦隊・区隊・分隊が、さらに逓信院・軍需大企業などに職域戦闘隊が設けられた。

生活・医療・教育の統制

以上の法律群がいわば直接的に国民を軍事目的の下に動員するための法律であったのに対して、国民の日常生活を軍事的要請から管理・統制する法律群を取り上げておきたい。それは、確かに直接的動員法の部類には属さないが、言うならば、間接的な国民動員法という性格をもったものとして捉えられる。

例えば、地代家賃統制令（勅令第七〇四号・一九三九年一〇月一八日公布）や同じく地代家賃統制令（勅令第六七八号・一九四〇年一〇月一九日公布）は、地代または家賃の決定を厚生大臣および地方長官の許可制とするものであった。また、国民服令（勅令第七二五号・一九四〇年一一月二日公布）では、戦時下における衣料簡素化を目的としてワイシャツ、カラー、チョッキの着用を禁止し、軍服に倣ったカーキ色（国防色）の国民服の着用が義務づけた。これは衣料簡素化と同時に国民意識の戦時体制への無条件の取り込みをも意図したものであった。

さらに、国民の食生活への管理統制も戦時体制下と併行して強行されたが、砂糖配給統制規則（商工省令第七九号・一九四〇年一〇月四日公布）やマッチ配給統制規則（商工省令第八〇号・一九四〇年一〇月四日公布）はその一例である。これら食生活の必需品に限らず、奢侈品等製造販売制限規則（商工省・農林省令第二号・一九四〇年七月六日公布）のような奢侈品も対象とされるようになった。この他に軍需品の原材料確保を目的とする金属類回収令（勅令第八三五号・一九四一年八月三〇日公布）

も制定され、鍋・釜・寺の鐘などの貴金属類や鉄類の供出が義務づけられた。

統制法の中には、国民体力法（法律第一〇五号・一九四〇年四月八日公布）のように、二〇歳未満の者の体力測定を義務づけて戦時動員のための人的予備資源の体力面からする管理を徹底し、体力不充分の判定を得た場合には相応の措置が採れる内容の条項を含むものもあった。ほぼ同様の法制として、国民優性法（法律第一〇七号・一九四〇年五月一日公布）や国民医療法（法律第七〇号・一九四二年五月二二日公布）など医療統制法とも言うべき法律群の整備が行われた。

戦時において兵力予備軍の対象として学徒が対象にあげられるところとなり、広義の意味における教育統制が一九四〇年前後に具体的に次々と打ち出されてくるようになる。このうち青年学校令（勅令第二五四号・一九三九年四月二六日公布）には、中等程度の勤労青少年の教育機関として発足していた青年学校への入学義務を課すことで、入学該当者の取り込みにより兵力予備軍としての青年学校修了者を大量に確保する意図が込められていた。

また、国民学校令（勅令第一四八号・一九四一年三月一日公布）は、ナチス・ドイツの教育の軍事統制に倣い、従来の尋常・高等小学校を国民学校初等科・高等科と改称し、「皇国民」の養成を第一義に据えた教育目的を掲げた。こうした教育の統制の最後的形態として制定公布されたのが、戦時教育令（勅令第三二〇号・一九四五年五月二二日公布）で、教育内容の変更・教育年限の短縮・学徒勤労動員などの命令権を政府が発動することになった。それは有事＝戦時における教育自体の放棄・解体をも意味するものであった。この他にも、中等学校令（勅令第三六号・一九四三年一月二一日公布）、国民学校令等戦時特例（勅命第八〇号・一九四四年二月一六日公布）などが同様の部類に入る。

9・11テロ事件以後、米軍は警備体制を強化したが、海上自衛隊も警備体制の一角を担った。二〇〇一年九月一七日、米軍横須賀基地艦船修理部前の水域を巡回警備する海上自衛隊。（撮影・山本英夫）

第五章
戦後期日本有事法制研究の展開

1　戦後有事法制研究の起点

戦後有事法制研究の嚆矢

日本国憲法（以後、現行憲法と呼称する）は国家緊急権に関する規定を一切持っておらず、とりわけ第九条の条文規定は軍事機構や軍隊の存在を完全否定したものとしてある。現行憲法においては、国家緊急権規定に従って、国家緊急事態（非常事態）における軍隊の投入に支えられた憲法停止を伴う執行権への権力一元化・集中化を必然とする国家緊急権を中心とした有事法制は存在し得ないはずであった。別の表現をすれば、国家緊急権規定の不在性こそが、現行憲法の一大特徴であり、平和憲法と呼ばれる所以である。

しかしながら、戦後再軍備の開始以降、国家緊急権への再認識から国家緊急事態法制（有事法制）の確立が「有事立法」のネーミングを得て検討されることになる。それは、憲法第九条と自衛隊の矛盾、憲法体系と安保体系の並存状態を、支配勢力の側から積極的に止揚していく試みとしてあった。

ここで有事法制という場合は、警察法（一九五四年六月公布）や災害対策基本法（一九六一年一一月公布）、あるいは大規模地震対策特別措置法（地対法と略す）など、既に実定法のなかに規定されている緊急権とは別の、具体的に言えば軍隊（自衛隊）の使用を前提とする緊急事態法および緊急権体制を示すことにする。地対法などの緊急権が国会（議会）の統制下に置かれているのに対し、有事法制と言う場合には、国会の統制を逸脱し、現行憲法の精神や理念を反故にする内容を多分に秘めたものとしてある。

従って、戦後日本の有事法制は一貫して現行憲法との鬩《せめ》ぎ合いのなかで、その具体化が進められてきたのであり、その点で有事法制研究の推展は、同時に現行憲法の空洞化の過程でもあった。しかしながら、有事法制の推進者たちにとって国家緊急権＝有事法制が近代民主国家の運営に、どのような意味を持つのかという冷静で客観的な評価や検討は必ずしも十分でなかった。

前章まで戦前期の危機管理および有事法体系の特質を整理してきたが、朝鮮戦争を機会に内密に開始されてから、今日の周辺事態法およびテロ対策特別措置法に至るまでの戦後の有事立法研究や危機管理論は、基本的な内容は戦前のそれと同質であり、「三矢研究」のように国家総動員法の焼き直しに過ぎないものが多い。

事実、成立までには至らなかったが、一九八五年六月六日、第一〇二通常国会に議員立法として提出された「国家秘密法に係わるスパイ行為等の防止に関する法立案」（通称、「スパイ防止法案」）に見られるように、戦前期の軍機保護法や国防保安法を模範としていた事例などがある。要するに、戦前戦後を通して危機管理・有事法体系は本質的に変化なく、ある種の技巧が付加されて文言が洗練されたものになっているということである。

なぜそのような事態が生じているかと言えば、戦前戦後を通して危機管理論や有事法体系そのものの最終目的が国家行政機構の軍事化と、その実働主体としての軍隊による目的の達成という点において何ら変わりがないからである。そして、そこには、一貫して国家の論理・軍事の論理が貫徹されており、それ以外のものの干渉と介入を阻止しようとする政治スタンスが露骨に示されているのである。

非公式研究の第一段階

戦後における自衛隊・防衛庁および政府機関による有事法の出発点は、自衛隊法および防衛庁設置法の制定の際、保安庁の第一幕僚部が保安庁長官に提出した「保安庁法改正意見要項」(一九五三年)である。また、有事法を国の内外における緊急非常事態への対処法と広義に解釈すれば、戦後日本における最初の有事法構想として登場するのは、旧警察法(一九四七年一二月一七日公布)に求められる。

その第六二条第一項には、「内閣総理大臣は国家公安委員会の勧告に基き、全国または一部の区域について国家非常事態の布告を発することができる」と布告の要件を明示している。それは、旧陸・海軍が実質的に解体されて以降、国内治安対策として軍隊に替わる警察の役割を確定したものである。同時に内閣総理大臣は国家非常事態の際、全面的に警察力を統制出動させる権限を付与されることになった。

以後、旧警察法に明記された「国家非常事態」の用語は、新警察法（一九五四年公布）において「緊急事態」と改称される。そこでも引き続き内閣総理大臣の統制権が確保され、条文化された。だが、ここでは警察の国家非常事態＝緊急事態に関する役割について必要ある以外は言及しない。それが国内治安を最高目的とするものである以上、国民の戦争動員を最終目的とする防衛庁・自衛隊、あるいは政府機関の構想する有事法制とは根本的な差異が存在するからである。

それで、保安庁第一幕僚部が作成した「保安庁法改正意見要項」の「5　行動及び権限」では、自衛隊の防衛出動の手続きにつき詳細に規定する内容を盛り込んでいる。なかでも「C　防衛出動準備」では、「（1）外敵の侵略が兵力の集中、或は近隣諸国への侵略などにより明白になり、そのおそれが極めて大となったとき、予め自衛隊を侵略予想地に集中し、又は沿岸配備につける等応急措置をとる必要があるので、防衛出動を命じ得るようにする」とした。

この場合、防衛出動は緊急性・迅速性の性質から国会での事後承認を求めるものとし、さらに最終的には、これらの防衛出動態勢や部隊の大部隊の集中・展開、陣地構築などが迅速に実行されるために、「非常緊急立法」の国会での議決が必要としている。事実、同要項には、「非常緊急立法を別に定めること――出動の場合必要とする非常戒厳、非常徴発法等又はその他の国内法の適用除外、特例或いは特別法については非常緊急立法として、別に定めること」とされた。

この要項に対して保安庁内局は、「出動した場合の徴発等の問題が当然予想されるが、事態の切迫感のない現段階では立法は至難のことに属するので、このような事態の発生した最初の国会に提案し得るよう準備しておく程度にとどめるべきである」とし、その趣旨への理解は見せたが、事実上第一幕僚部の有事法策定構想に不同意を示していた。

ここでの問題点は、制服組の要請として提起された有事法に対して、背広組である内局が現実問題として有事法を制定するだけの切迫感＝緊急性を見出し得ない状況下で、政治的判断として非合理的であるとの認識を示したことである。しかし、この論理は切迫感が存在する場合、有事法制の整備が必要との判断を示したことになる。実際に内局も状況的理由から時期早尚としただけで、「国会へ提案し得るよう準備」しておく必要性を認めていたのである。保安庁（後防衛庁）・保安隊（後自衛隊）内部では、以後各種の有事法制研究を秘かに着々と進めていった。

その代表的な事例として、陸幕監理部法規班が作成した「旧国防法令の検討、その基本法令」（一九五四年一一月）、同法規班長私案として作成された「長期及び中期見積における法令の研究」（一九五七年七月）、それに防衛研修所の「列国憲法と軍事条項―政軍機構のあり方」（一九五六年）、陸上自衛隊幹部学校の「人事幕僚業務の解説」（一九五七年一月）などがある。

このなかで、「列国憲法と軍事条項」は、防衛庁より委託を受けた大西邦敏（当時早稲田大学教授）が作成した報告書であり、主に行政型緊急権としての戒厳制度について論じたものであった。そこでは、内閣による戒厳の宣言が可能とする緊急権を内閣に付与することによって、非常事態克服策の確立が提言されていたのである。しかも、「戒厳は戦時又はこれに準ずる内乱時に宣告するばかりでなく、公共の安寧及び秩序を保持する必要がある経済的非常時、伝染病の大流行時その他地震、大風水害等の大災厄時にも戒厳を宣告し得る余地を残して置くのが最近の世界の一傾向であるから、わが国にでもこの傾向に従うことが望ましい」（九頁）と論じていた。

これには、「自然的民事的災害から戒厳規定の必要を弁証する周知のルートを開いたものである」（古川純「自衛隊と緊急事態」『軍事民論』第七号・一九七七年一月）との指摘がある通り、その後における一連の非常事態法制定の理由づけの常套句となっていった。つまり、軍事目的を民事目的と恣意的かつ意図的に混同させ、民事法という形態のなかに軍事法を滑り込ませる手法が定着していくことになったのである。

また、陸上自衛隊幹部学校が発行した「人事幕僚業務の解説」（一九五七年一月）は、自衛隊の有事法制研究のなかで、有事における対住民対策の基本方針が初めて明らかにされた点で極めて注目される。それは、同書の「第一一章　渉外業務」において、「渉外業務」とは「陸上自衛隊が地方官民に対して行う業務」とされ、「旧軍の戒厳に準ずる」としていたことから判る。

ここで課題とされているのは、自衛隊が防衛出動した際、行政司法に関連する事項が全て自衛隊の権限外にあって、関係機関の協力を期待するしかない、としたことである。なかでも注目すべきは、「4　渉外の主眼」とする項目で、「a　地方機関及び住民を密に作戦に協力させる　b　地方諸機関および住民に作戦を妨害させない　c　作戦上許す限り住民を保護する」とした点である。

つまり、陸自としては「渉外業務」規定において、実質的な戒厳令を布き、合囲地境の戒厳で自在な作戦行動の展開を確保したいとする純軍事的な欲求がすでに存在していたのである。また、「9　旧憲法時代の渉外の参考」の項目では、日中全面戦争の開始（一九三七年七月）以降に制定公布された一連の有事法制を列挙している。ここでは、純軍事的な作戦行動の完遂を至上目的に設定する場合、国家総動員体制の創出が必然とする判断を露骨に示していた。

非常事態対策案の作成

この時期には他にも、防衛庁防衛研修所の研修資料別冊四（第一七五号）として作成された「自衛隊と基本的法理論」（一九五八年二月）が憲法改定を前提に国家総動員の全面的な導入を提起している。同文書は、保安庁法の改正が検討された際に自衛隊の防衛出動任務が付与されことと関連して作成された。そのことは、防衛出動状況が「有事」を想定したことから必然的に非常事態法の策定を不可欠とした認識の表れであった。

そこで陸幕監理部法規班が戦前における一連の総動員立法を参考にした「旧国防諸法令の検討、その基本法令」（一九五四年七月）を作成し、戦後における本格的な有事法制の整備を開始した。『自衛隊と基本的法理論』は、それまでの成果を吸収する形で、自衛隊のシンクタンクである防衛庁防衛研修所（現在の防衛研究所）の笹部益弘研究所員（当時）が作成執筆したものである。

同書では、「第一二章　防衛の組織並びに基本的運営に関する法令の整備　第二款　戒厳」の項を設け、「新戒厳法にあっては、その命令権者をどこに置くか（内閣総理が国会の承認を得て発令することを原則とし、国会閉会中は、事後承認を得ることを条件とすることを適当とするだろう）又その地歩の最高権限を地方総監におくか、戒厳司令官におくか（総力戦の現代的傾向は、完全な軍政を布くより、民政を主とし、軍が之に協力することの方が望ましいのであろう）、警察及び消防機関との協力及び指揮関係（戒厳司令官の配下に置くを適当とする）」としたうえで、「新戒厳法に最低限度必要な事項」を列挙している。

ここに列挙された人的物的資源の動員法は、国家総動員法が制定公布されて以後、日中全面戦争の開始（一九三七年七月七日）から日米開戦（一九四一年一二月八日）までの間に国家総動員審議会で可決された勅令案要綱九九件、公布された勅令七七件、それに基づく関係省令八八件、改正省令五〇件であった。戦前期には、これによって強固な有事体制が構築されていったが、それと全く同様の動員法を再び取り上げているのである。

それればかりでなく、戦前期の国防保安法を参考としながら、有事体制を保守するために「国家秘密保護の規制」（同章第二節第一款）や「内乱、利敵行為等に関する処罰の規制」（同第二款）を設けて防諜体制の確立を図り、動員システムが円滑に作動するための国民監視と抑圧の法整備が検討されていたのである。また、国家緊急権に関する研究も確実に進められており、同じく第一二章の「第一節　非常事態対策」には、以下のような記述がある。後に非常事態法や国家緊急権の問題を防衛庁サイドが、どのように捉えていたかを知る上では重要である。

まず、笹部研究員は、非常事態対策を超憲法的非常事対策である国家非常権と実定法的非常事態対策である国家緊急権とに区別し、後者には立法型と行政型とにさらに区分可能とする。そして、有事＝戦時の事態が発生した場合、国家非常権とは、「憲法が改正されない現在において、国家非常事態に遭遇したとき、現行法をもってしては、いかにしても、この非常事態に対処しえないときである。この場合……法を犯し、法外の権限が発動される可能性なしとはいえない。正に『武力のさ中にあって法は沈黙する』事態である」と記す。その一方で、ここでは憲法に「沈黙」を強いるような事態は文字通り超非常事態であり、憲法の枠内で処理可能な事態であれば国家緊急権に基づく非常事態策を平時から準備すべきだとした。

第一二章以外にも、同書は「第一三章　人に関する法令の整備」、「第一四章　物、施設及び金に関する法令の整備」、「第一五章　軍隊に必要な法令の整備」とあり、このうちの「第一三章　人に関する法令の整備」において、「平時より準備し、戦時若しくは、事変に際し制定せらるるべき法令」として、第一款の「国の人的資源の総動員に関する規制」において戦前の「国家総動員法」をほぼそのまま紹介しているのである。このように後で触れる三矢研究の基本達成目標が、同書ではほぼ出尽くしていると言える。

この他にも防衛研修所の「研究資料第一四号　非常立法の本質―「国家非常事態の法制的研究」委託調査報告書」（一九六二年）がある。本書は、イギリス・アメリカ・フランス・西ドイツ（当時）・ベルギーの非常事態法あるいは国家緊急権についての研究調査報告書である。ここでは、国家非常時の対応策として、実定法の枠内で処理する方法と国家非常事態法（国家緊急事態法）の制定のふたつの選択肢を用意する。

三矢研究の衝撃

同文書は、どちらの対応策を採用するにせよ、国家緊急事態への対応策を法的に整備することの必要性を繰り返し説いていた。それは、以後の有事法制研究において国家緊急権なる概念が一人歩きする契機にもなった。それは文字通りの〝緊急権国家〟であった明治国家の国家形態を無批判に踏襲しようとするスタンスが表明されたものとしてあり、戦後国家の質的転換を迫る内容となっていた。しかし、この段階において政治問題化したこともあって最も注目されたのが、周知の「昭和三八年度　統合防衛図上研究」（通称、三矢研究）である。同研究では統幕会議の制服組が第二次朝鮮戦争を想定して、日米共同作戦の内容や国家機構および国民の戦争動員体制の確立が検討事項とされていた。

同研究は、（1）核兵器使用について、（2）「日米統合作戦司令部」について、（3）非常事態措置諸法令の研究について、を検討事項としていたが、このなかで戦術核兵器の使用が明記された点と同時に、何よりも戦前期の軍事法制を模範とし、既存の自衛隊法の限界性を含意しながら、より包括的かつ実際的な「非常事態措置法令」の整備を目標としていた。それは名称からも想像されるように、恐らく自衛隊内で秘密裏に毎年研究が進められていた点に世論の厳しい目が向けられることになった。

なかでも、「非常事態措置諸法令の研究」の内容は、（一）国家総動員対策の確立、（二）政府機関の臨戦化、（三）戦力増強の達成、（四）人的・物的動員、（五）官民による国内防衛態勢の確立、が骨子となっていた。そして、これを具体化する方策においては、「戦時国家体制の確立」の要件として、国家非常事態の宣言、非常行政特別法の制定、戒厳・最高防衛維持機構や特別情報庁の設置、非常事態行政簡素化の実施、臨時特別会計の計上などを挙げていたのである。

これに加えて、「国内治安維持」として、国家公安の維持、ストライキの制限、国防秘密保護法や軍機保護法の制定、防衛司法制度（軍法会議）の設置、特別刑罰（軍刑法）の設定が検討されている。さらに、「動員体制」として、一般労務徴用や防衛徴集・強制服役の実施、防衛産業の育成強化、国民衣食住の統制、生活必需品自給体制の確立、非常物資収用法（徴発）の制定、強制疎開の実行、戦災対策の実施、民間防空や郷土防衛隊・空襲騒ゆう防衛組織の設立、が明記されている。

こうした内容の「非常事態措置諸法令の研究」では、形式上国会での議決を経て自衛隊による軍政に移行するという「日本有事」におけるシナリオが明確にされていた。包括的有事法制としての三矢研究は、要約して言えば労働力の強制的獲得（徴用）と物的資源の強制的獲得（徴発）を政府機関の臨戦化、すなわち内閣総理大臣の権限の絶対的強化によって実現すること、有事徴兵制や事前の徴用と徴発、防諜法の制定、軍法会議・軍事費の確保など、自衛隊が軍事行動を起こす上で不可欠な要件を一挙に実現する狙いが込められていた。それは、憲法を全面否定した内容であり、戦争態勢を平時から準備する「政府機関の臨戦化」の計画が、戦前期の有事法制の集大成とも言うべき国家総動員法を模範としていたこともあって、世論の厳しい批判にさらされることになる。

この時期、三矢研究に呼応するかのように多くの有事法制研究が作成された。そのなかで一九六三年九月四日付けで憲法調査委員会有志によって作成された「憲法改正の方向」が注目される。そこには国家緊急権を法制化した場合、その濫用の危険性を回避する目的で施行にあたっての条件が提示されていた。例えば、非常事態の事項的限定、地域的限定、人権制限の明示、非常時体制の確立、有効期間の限定、国会尊重の明記、などである。

しかし、既に指摘されているように、それは緊急事態の規定から現行憲法をその外部から逆規定するものでしかなかった。そのような方法によって有事法制の実態化に合理的な根拠を得ようとする判断が「有識者」によって、当該期から認識されていたのである。そうした動きは、やはり同年に、内閣総理大臣官房調査室が作成した「欧米八カ国の国家緊急権」の内容にも通底している。それは緊急権規定なき現行憲法の「不備」を、欧米諸国の国家緊急権を紹介することで強調してみせたものであった。

本格化する有事法制研究

三矢研究の「非常事態措置諸法令の研究」は、それ以後も多くの有事法制案を生み出して行ったが、一九六三年一〇月、航空幕僚監部総務課法規班が作成した「臨時国防基本法（私案）」もその一つである。

当時、空幕総務課法規班長の職にあった岡崎義典事務官の作成とされる同法案には、「第五章　国家非常事態における特別措置」の章が設けられており、そのなかで「（内閣総理大臣は）緊急に措置しなければ、当該事態に対処できないと客観的に認められる場合は閣議に諮った上、全国又は一部の地域について国家非常事態の布告を発することができる」（第五〇条）として内閣総理大臣（内閣行政権）に国家非常事態における指揮権を与え、一端国家非常事態を総理大臣が布告を発した場合には、地方自治体の業務を統制（第五三条）し、あらゆる既存の法律を凌駕することが可能（第五四条）となり、国民に対する自衛隊または郷土防衛隊が行う防衛活動への強制従事命令権（第五五条）を持ち、国家非常事態の宣言下にあって労働者のストライキ権など労働者の固有の権利を剥奪する権限（第五八条）をも併せ持つとされた。

より具体的内容を箇条書き的に挙げておけば、①中央に国防省・国防会議を設置して、国防計画を始めとする中枢の業務を担当させ、地方行政の統合強化を図るため総理府に地方行政本部を設ける、②国防省の外局として「郷土防衛隊」を置き、都道府県にそれぞれの「郷土防衛隊」を置いて、「陸上自衛隊の方面総監の命令」下に、必要ある場合には武器を使用させる、③国防上の措置としては、「国民の国防意識の昂揚」に努めるほか、「国防上の秘密保護」に関する必要な措置、国防訓練や物資の備蓄などを行わしめる、④内閣総理大臣は、「国家非常事態の布告」を行う権限を有し、緊急事態下で必要の範囲内で、国および地方公共団体の機関の行う業務を統制できる。また、非常事態布告の場合には、何人も「造言飛語」をしてはならず、公益事業従事者はストライキやサボタージュなどの行為を行ってはならないし、さらに「公共の秩序を乱す者」などは「一定期間拘禁」されることになる、というものだった。

ここまで来ると、非常事態への過渡的措置としての一時的な基本的人権の制約というレベルを通り越して、ほとんど非常事態を口実とした恫喝による国民に対する軍事的統合と抑圧、そして過剰な負担を強いる法律として有事法制が位置づけられていることが判る。「郷土防衛隊」設置構想は、かつて沖縄戦下において、軍人・軍属として招集されなかった大方の沖縄の人々をことごとく「防衛隊」として軍事組織化していき、正規軍の補完部隊として前線に送り出した歴史を想起させる内容を含むものであった。

内閣総理大臣に絶対的集中的権限を付与するこの私案は、国家非常事態体制の中核的指導部を何処に据え置くかについての判断を明らかにしたものとして注目される。

「非常事態措置諸法令の研究」において検討された有事法制で、もうひとつ取り上げておきたいのは、一九六四（昭和三九）年七月に陸上幕僚監部法務課が作成した「国家緊急権」と題する報告書である。

益田繁人三等陸佐（当時）が執筆した同報告書の冒頭では、「防衛出動・治安出動を研究する場合に、最も大きな問題点の一つとなっている『国家緊急権』の法理と運用の実際について、比較法的に掘り下げ、陸上自衛隊の実務に裨益《ひえき》せしめようとする」と記している。つまり、防衛・治安出動を実行する場合、その阻害要因となるであろう諸法律を凌駕する新たな法体系の創造のため、法理論上の根拠として「国家緊急権」が強く意識されていたのである。そのことは、これまでの章で論じてきたように、明治国家の国家体質として特徴的であった緊急権国家を踏襲する意図が秘められていたのである。

同報告書は、日本において国家緊急権が準備されていない理由として、第一には戦前期における国家緊急権が君権絶対のイデオロギーと不可分であったという歴史的事情、第二には憲法第九条に示された徹底的平和主義が交戦権と戦力保持を禁じたため武力の発動を伴う緊急権を当初から予想しなかったこと、などを挙げている。

同報告書は約一五〇枚（四〇〇字換算）に及ぶ膨大なものだが、戦後の憲法学界における種々の国家緊急権論を取りあげ、最後には以下のような結論を提起している。すなわち、「戦争以外の緊急状態、すなわち内乱・騒ゆう・天災地変等による緊急状態が無くなったわけでは勿論ない」のだから、「一般的な趨勢にある緊急状態に対して、わが国における現行の緊急事態処理の態勢は遺憾ながら極めて不備であるといわざるを得ない」と述べ、現状を克服するためにも国家緊急権システムの導入が不可欠とする（林茂夫編前掲書、資料編、四三頁）。

それで、その場合に予想される緊急事態法制の中身として、戒厳法（日本では戒厳令）、合囲状態法などの行政型緊急権に属する法令がこれに当たることは当然とし、さらにイギリスの緊急権能法、フランスの緊急状態法（一九五五年制定）、戦前期日本の国家総動員法や戦時緊急措置法などが国家緊急権の性格を有する緊急事態の法制であるとしている。つまり、種々の議論を紹介するなかで結論的には、以上の有事法制整備の必要性を説いているのである。

そして、さらに具体論としては、今後現行憲法体制下において国家緊急状態を想定した場合には、強制徴収・徴発、軍事負担、物資・役務等の需給統制、防空、民防衛および軍機保護などの制度確立が課題になると予測する。そして、これらを実行に移す場合には、憲法第一二・一三条が規定する「公共の福祉」による基本的人権との関連が最大の問題になるとしたうえで、そこでは「公共の福祉による制限は、公共の安全と秩序を維持し、その危険を防止するために必用な最小限度の規制を意味する」と指摘した憲法学者の学説を肯定的に展開して見せている。

なお、当該期から七〇年代にかけて、防衛庁内の研究機関でも国家緊急権や非常事態法制の研究が活発となっており、例えば、陸幕法務課の「国家緊急権」(一九六四年)、山田康夫「国家緊急権の史的考察」(『防衛論集』第八巻第三号・一九六九年)、西修「各国憲法にみる非常事態対処規定(一)──非常事態宣言、非常措置権、緊急命令を中心として」(『防衛大学校紀要 人文社会科学編』第二五輯・一九七四年)、同「各国憲法にみる非常事態対処規定(二)──戒厳を中心として」(同右、第二八輯・一九七四年)などがある。

戦後型有事法制の骨格

次に、「国家緊急権」と同じ月に国防会議幹事会が作成した「国防総合計画作成のための検討事項基本計画」(一九六四年七月)がある。そこには自衛官充足に対する抜本的強化策、基地問題解決の基本対策、有事における必要物資の調達および備蓄と人的条件、道路・港湾・運輸・通信などにおける防衛支援体制、救護避難対策など国民保護の諸対策、非常事態策、防衛力発揮の法制的諸条件の検討などの項目が挙げられている。

これらの基本計画目標は、言うまでもなくこれ以後の有事法制の全体的な課題を網羅的に示したものであり、国防会議のレベルで有事法体制の骨格がこの時点でほぼ形成されていたと見てよい。事実、これ以後有事法体制づくりの一環として教育現場や地域社会を含め、マスコミや政府公報を動員しての防衛意識の発揚や国家意識注入の作業が目立ってきた。

とりわけ、一九六五年六月の日韓基本条約の締結によって、日本の朝鮮半島分断政策への積極的な容認と朝鮮民主主義人民共和国（北朝鮮）に対する露骨な敵対政策が明白になると、この対朝鮮政策との絡みで防衛庁参事官会議は、内局を中心にして非常事態策の推進を決定する。それが、翌年一九六六年二月に作成され、本格的な有事法制準備のスタートとなった「法制上、今後整備すべき事項について」であった。

このなかで注目されるのは、「非常事態の処理」の項だが、そこには「非常事態における特別措置（非常事態における特別措置に関する法律）＝非常事態の布告の手続き、及びこの布告があった場合における首相が採る特別措置、その他所要の事項を定める」との記述しかない。しかし、ここからは明らかに非常事態法＝有事立法制定への強い関心が読み取れる。

同時期には海上自衛隊も「海の非常事立法要綱」を作成しており、例えば、商船などが外敵の攻撃を受けるなどの非常事態が発生した場合には、民間船舶が自衛艦隊司令部（横須賀）に設置される船舶運航軍事統制所の統制を受けて海上を航行すること、などを盛り込んだ内容であった（『日本経済新聞』一九六八年九月二八日付）。

有事における国民の動員策については、「三矢研究」においても高い関心とその実施方法にかけての指針が明白にされていた。すなわち、同研究における「要員確保の強制措置」の項目には、以下のような国民の戦時動員の必要性を訴える箇所がある。

有事における自衛隊の要求及び国内態勢を整備するのに、果たして強制措置を含まない必要な推進のみで所要の人員を確保出来るであろうか。戦後一八年、国家防衛に関してはまことに奇妙な伝統的風潮が平和の名のもとに我国に浸透しつつある。この風潮を打破して国民の防衛意識を高揚することが、しかし簡単に出来ると考えてよいのであろうか、問題の最大の眼目はここにある。これさえ可能ならば人員確保の強制措置も当面は不必要であろうし、これが不可能ならば強制措置を行っても真の国家防衛力とはなるまい。（林茂夫編前掲書、三一～四頁）

ここで強調されているのは、戦前期の強制的な国民動員ではなく、可能な限り自発的な方法による結果としての国民動員であり、そのためには、防衛意識の発揚が重要だとしている点である。具体的には後に民間防衛（民防衛）への着目とその実行策が検討されていくが、これもまた下からの国民動員システムを何としてでも起動させたいという思惑が強く表れた結果であった。

そのために当該期において、防衛庁は様々な手段を講じて国民の防衛意識の発揚策に関心を向けるようになった。そのような雰囲気を典型的に示しているものは、「国民的合意をえれば、将来国民にも防空訓練を考えないわけではない」（参議院予算委員会・一九六八年三月二五日）という増田恵吉防衛庁長官の発言である。

「三矢研究」で示された国民総動員体制確立への関心は、しかしながら既に自衛隊法第一〇三条において、防衛出動時に国民を一定の命令に従事させる規定が制度化されており、そこでは出動した自衛隊が任務遂行上必要とされる病院・診察所・土地・家屋などの施設を対象に、都道府県知事を介して管理・使用していくとされた。これは「防衛徴用」の用語で示されることになるが、この「防衛徴用」は有事における徴兵制をも法律的に可能とする論拠として使用され、ここから国民を動員可能とする戦後版国民総動員体制への構築の足がかりが求められた。

そして、国民総動員体制構築を平時から既成事実化する方策として盛んに持ち出された手法が、災害出動に名を借りた国民動員訓練の実施である。そのような発想を最もよく示す研究事例として、一九六〇年に陸幕第三部が作成した「関東大震災から得た教訓」がある。そこでは、「未曾有の大震災を大過なく克服し得た所以」として、軍による迅速・適切な治安維持とそれを可能にした戒厳令、衛戍《えいじゅ》令などの法規および急遽立法された法規の存在を評価する。

要するに、関東大震災時における戒厳令下で行われた悲惨な歴史ではなく、軍の統制下において獲得された秩序を積極的に教訓とし、将来における国内動乱への対処方針とした。そのうえで、平時から非常時における国内警備対策と国民動員・統制の必要性を強調してみせるのである。

一九六九年五月に内閣調査会室の外郭団体である民主主義研究会が作成した「西ドイツの非常事態法」は、より踏み込んだ非常事態法制の制定について西ドイツの非常事態法の紹介を通して強調している。そこでは、「わが国憲法は、世界でも、唯一例外的な、非常事態条項を全く欠いた憲法である」とする認識を示すことで、現行憲法の不完全性を強調する。

西ドイツ（当時）が非常事態法を成立させたのは、一九六八年六月のことだが、それは同年五月のフランスで起きた五月革命によって触発されたものとされた。西ドイツでは、フランスのような国内危機・動乱に政治的に対処するに非常事態法が不可欠とされたのである。それは第一七次基本法補充法（非常事態憲法）を根幹に据え、これに食糧確保法や経済確保法などの確保法と、民間防衛態勢法の単純非常事態法から構成されており、非常時の場合にも三権分立の原則を堅持し、議会（立法権）の統制下に内閣（行政権）を位置づける基本スタンスを貫くとされるものであった。

民主主義研究会は、「西ドイツの非常事態法」が議会中心主義や人権に配慮を施した内容を含んだものとし、これを高く評価するのである。ここでの主眼は、日本の現行憲法体制下でも「西ドイツの非常事態法」を模範とすれば制定可能であり、憲法にも抵触しないとする主張である。

2　有事法制の具体的展開

有事法制研究の公式化

有事法制研究の第二段階の特徴は、研究そのものが政府の認知を受けて公然化し、この時期に戦後有事法制の骨格が形成されたことである。この段階では研究公然化の事態を可として既存法の一部軍事化が目論まれたことが最大の特徴であり、しかもそれは極めて巧妙な手続きと説明づけのなかで押し進められた。そうした事例を一部紹介しておきたい。

防衛庁内局の法制調査官室が一九六六年二月に作成した「法制上、今後整備すべき事項について」と題する「研究要綱」では、前年の一九六五年八月に「非常事態発生の際に自衛隊が支障なく行動できるようにするための法令整備の検討」が進められ、その結果、自衛隊法を改正して出動する自衛隊に特別な権限を付与し、戦力の効果的運用が課題として指摘されたとしている。これを受ける形で、あらたな有事法制の整備が浮上してきた経緯があったのである。この文書は、先に自民党国防部会が作成し、一九六七年六月まで秘匿され続けた「防衛体制の確立についての党としての基本方針」（一九六一年五月二九日）を起点とする国家総動員体制構築を強く意識したものであった。

そこで「今後整備すべき事項」とされたものは、自衛隊法を中心に三六件（法律二三件、政令九件など）にのぼり、そのなかには、「非常事態における特別措置に関する法律」や「国家防衛秘密保護法」などが含まれていた。さらに、「他省庁の研究に持つべき事項」とされたものは三一件で、具体的には、航空機・船舶の運行統制、民間船舶の管理・使用・収用、航海・航空・鉄道輸送・通運の命令と従事命令に伴う罰則強化、労働基準の特例規定、防衛産業の振興、食糧の管理・配給、物資の統制などの項目が挙げられていた。これらは全体としてみれば、制服組が作成した三矢研究における「非常事態措置諸法令の研究」をほとんどそのまま踏襲した内容であったが、それを背広組（内局）が事実上追認した点で重大な問題を含むものであった。

この時期には、他にも注目すべき有事法制研究が自衛隊や諸官庁で多様な側面を発揮しながら作成されていた。例えば、民間船舶の戦時統制を課題とする海上自衛隊の「非常時立法要綱」（一九六八年）、防空体制の平時準備を骨子とする国防会議の「わが国の防空態勢について」（一九六九年）、自衛隊の海外派兵を目的とした外務省の「国際平和維持協力のための特別措置法」（一九六八年）などである。

当該期において、もう一つ見落とせないのは自衛隊内における有事法体制構築の手段としてのクーデター戦略が検討されていたことである。例えば、陸上自衛隊幹部学校兵学研究会が作成した「国家と自衛隊」（一九七一年四月二〇日）は、国家緊急権の策定には立法権に依拠せず、自衛隊の直接行動による目的達成のための戦略を検討したものであった。

海外派兵への道

そうした経緯を経て、一九七六年一二月成立の福田赳夫内閣時から一連の有事法制研究が公然と押し進められることになる。すなわち、一九七七年八月一〇日、同内閣の三原朝雄防衛庁長官は内局の会合で有事法制の研究を進めるよう指示を行い、次いで福田首相も、翌年七月一九日に栗栖弘臣統幕議長（当時）が行なった「超法規的発言」を受ける形で、同月二七日の国防議員懇談会席上、「有事における三自衛隊の統合防衛研究」と並んで「有事立法研究」の促進を公然と指示したのである。

これは、この年に日米両軍事当局を中心に策定された「日米防衛協力の指針」（旧ガイドライン）に基づくものであった。この場合の「統合防衛研究」とは、第一に運用面（作戦）について統幕会議が、政策面については内局（防衛局）がそれぞれを担当し、相互に連携して自衛隊戦力の統合運用を企画すること、第二に、アメリカ軍との共同軍事作戦における自衛隊の役割や位置を明確にすること、の二つを大きな研究目的とするものである。一連の有事法制研究の成果を睨みながら、自衛隊をアメリカ軍と連動させることで、大枠として有事体制の構築が目標とされていたのである。

福田首相による有事法制研究の指示は、確かに日米安保条約の強化や実質化を要求するアメリカ政府およびアメリカ国防総省（ペンタゴン）の要求受け入れという事情も背後にあったにせよ、政府が正面切って有事法制研究に着手したことの意味は大きい。同時に、それは立法行為の性格上からしても、国家総掛かりで有事体制づくりに乗り出したことを国の内外に宣言するに等しい行為でもあったのである。

防衛庁も自衛隊が「防衛出動」する際、道路交通法・海上運送法・港規法・航空法など、自衛隊の軍事行動を制約する恐れのある現行法の改定・修正を視野に入れた諸法令案の検討を本格化する。この動きは防衛庁だけでなく、自民党国防問題研究会が作成した「防衛二法改正の提言」(一九七九年六月)によっても拍車がかけられていく。

そこでは、「防衛出動時に必要とする総合的な法令については別途研究」するとしながら、当面は「国際条約、国際法に関連する法令の整備」をまず急ぐべきとした。具体的には、自衛隊法第八四条(領空侵犯措置)に「国際法規慣例に従い」必要な措置を講じる内容を明記すること、自衛隊に対する奇襲(不法行為)に対処するため、「自衛隊の部隊および自衛艦の自衛、自衛隊法第九五条に掲げる防衛物件の防護、自衛隊の使用する船舶、庁舎、営舎、飛行機、演習場その他の施設の管理保全のための警備を行う」ことの規定を追記すること、などが盛り込まれた。

要するに、日米共同軍事作戦の発動を見込んだ自衛隊の海外派兵と、その当然の帰結として集団的自衛権行使に踏み切り、自衛隊の海外派兵への道を押し開こうとしたのである。それはまた、国会の承認を必要とする内閣総理大臣の防衛出動命令がなくとも、現地指揮官の判断で武力行使を可能とするための法律の制定を実質要求することになった。

危機管理理論の登場

一九七八年六月二一日、防衛庁は有事における陸海空三自衛隊の対処方針を確定するため、「防衛研究」を同年八月から開始すると発表した。この「防衛研究」には統合幕僚会議、陸海空各幕僚監部の制服スタッフと、これに内閣の防衛局防衛課員など二〇名余りが参画した。「防衛研究」は防空戦闘・海峡防衛・沿岸防衛などの基本防衛方針を確定した後、特定地域への敵侵攻を想定した作戦運用の研究段階へと進み、最終的にはこれらを踏まえて実際の防衛力整備や法律改正の段階に入る予定とされた。

「防衛研究」は、先に国会で暴露され世論の激しい批判を浴びることになった「三矢研究」の事実上の焼き直しであったが、当時の防衛庁官房長の職にあり、有事法制研究の推進者の一人であった竹岡勝美は、「有事立法のさいに当然この研究は参考にされる」と言明していた（『毎日新聞』一九七八年六月二二日付）。

確かに「三矢研究」では、①戦争指導機構、②民間防衛機構、③国土防空機構、④交通統制機構、⑤運輸統制機構、⑥通信統制機構、⑦放送・報道統制、⑧経済統制などに関し、合計で七七件の国会提出案件を予定するものとされた。このうち一〇件は、国家総動員体制に移行するための立法措置とされていた。これらを実現させるためには当然ながら現行憲法に抵触すると考えられており、それゆえに平時から有事法制の整備が不可欠としていたのである。このような有事法制の整備を押し進める上で用意されたスローガンが危機管理論であった。

その代表例として、財団法人平和・安全保障研究所が作成した「我が国における危機管理の軍事的側面」（一九八〇年四月）がある。その第六章「非国家的集団による敵対行為と危機管理」には、とりわけハイジャックやテロ対策の観点からする危機管理への国民的関心を喚起する必要性を強調しつつ、危機管理論の普及を早急に図ることを提言する。ここでは政府の危機管理体制が整備されたとしても、危機管理への国民的覚醒が確保されなければ無意味とする議論を展開している。

それに関連する下りはこうである。「今後危機発生に際して政府が言葉どおりに『断固たる態度』を貫きうるためには、平時における政府自身による息の長い国民説得の努力が不可欠であると考えられる」としつつ、その際に留意する点として、①国民説得の目標をどの水準におくのか、②いかなる層に説得の重点を置くのか、③いかなる説得を試みるか、だとする。そこでの結論は、国民の「消極的支持」で十分であり、有識者・オピニオンリーダーの組織化が重要だとする。

この時期、防衛庁は有事に対応して整備すべき法令の三区分として第一分類（自衛隊法など防衛庁所管の法令）、第二分類（防衛庁以外の他の省庁所管の法令）、第三分類（所管省庁が明確でない法令）とし、一九八一年四月二二日には第一分類の検討を終了し、さらに一九八四年一〇月一六日には第二分類の検討がほぼ終了したことを明らかにした。そして、残りの第三分類に関しては、防衛庁から内閣安全保障室に検討の権限が委譲されたことから内容の詰めが急速に進められ、そこでは民間防衛や立入禁止措置・強制退去措置など市民生活に深く関連する事項が検討の対象とされた。

さらに、道路法・河川法・森林法・自然公園法・建築基準法・医療法、それに墓地や埋葬などに関する法律、関係政令・総理府令・省令などの法令が特例措置の追加によって有事対応型の法令に改定された（『防衛アンテナ』通巻二五六号・一九八三年一〇月）。つまり、既存の市民の生命と安全を保護するための〝市民のための法〟体系のなかに、軍事が持ち込まれたのである。

総合安保論の展開

広い意味における危機管理論として、一九七三年一一月に始まる石油危機を機会に、それまでの国際経済秩序が動揺を来たし、国際政治への第三世界の登場や、それを主な要因とする米ソ二超大国の政治的軍事的な力量の低下という状況を背景に、国内ではアメリカへの一方的な依存を基調としつつ、安全保障政策を見直す動きが出てきた。それがアメリカの危機管理論（マネイジメント・クライシス・セオリ）を手本にした総合安全保障論の展開である。

それは一九七〇年代から八〇年代にかけて次々と公表されていった。例えば、総合研究開発機構（ＮＩＲＡ）の『現代日本の課題』（一九七八年刊）、日本経済調査協議会『わが国の安全保障に関する研究報告』（一九八〇年刊）、現代総合科学研究所の『八〇年代の総合安全保障』（一九七九年刊）、野村総合研究所の『国際環境およびわが国の経済社会の変化をふまえた総合戦略の展開』（一九七七年刊）と『国際環境の変化と日本の対応』（一九七八年刊）、三菱総合研究所の『日本経済のセキュリティに関する研究』（一九七五年刊）、通産省産業構造審議会の『八〇年代の通産ビジョン』（一九八〇年刊）などが挙げられる。

これらの研究報告書にほぼ共通しているのは、想定できるあらゆる「危機」に、あらゆる手段を総動員して積極的に管理統制していくことで八〇年代的危機に柔軟に対応し、新たな統治システムの完成を視野に入れた危機管理体制＝総合安全保障体制構築の必要性を提言したものとなっていることである。

この場合、安全保障の分析概念は、「①護られるべき価値（目的）、②外からの脅威・危険、③価値を脅威・危険から護る方法（手段）という三つの側面を内包している」（日本経済調査協議会『わが国の安全保障に関する研究報告』）とされ、国家の目的・価値を国家の内外からの脅威・危険からどのような方法・手段で護るのか、言い換えれば価値・目的―脅威・危険―手段・方法を有機的に把握し、これらを〝三位一体〟として位置づけようとするものであった。それは価値・目的は不変であっても、脅威・危険の対象領域の飛躍的拡大と危機回避手段の多様性の増大という点で従来の安全保障概念と区別される性質のものとしてあった。

そこにおける危機の内容は、軍事的危機・政治的危機・社会的危機・経済的危機の四つに類型化される。軍事的危機とはソ連の軍事行動、ソ連と中国の軍事衝突、周辺大国の内乱、中東紛争、朝鮮の動乱などを含み、政治的危機とは米欧との経済的摩擦、周辺大国の恫喝（フィンランド化）、韓国・台湾の核武装、産油国・資源国の恫喝などを、社会的危機とは大震災・コンビナートなどの大事故、食糧輸入の途絶、テロ、金融パニック、海洋汚染、伝染病などを、経済的危機とは石油輸入の途絶、ウラン輸入の途絶、通貨混乱、経済戦争、恐慌などを指すとしている（『国際環境の変化と日本の対応』）。つまり、これらの危機の対象は、およそ想定し得る自然的・個人的・世界的規模に及んでいるのである。

このような対象領域の無制限の拡大は、職場、地域社会、個人の日常生活まで危険の存在を国民に関知させることになる。国民には、それを現実的な課題として危機意識を自覚させ、危機状況への積極的かつ自覚的な対応を要求する。要するに、ここで総合安保論は想定し得るあらゆる危機に、あらゆる手段を総動員的に使おうという点に基本的な特徴がある。換言すれば、軍事的危機に対応するに非軍事的な手段の採用をも含むものであったが、主眼は石油危機のような非軍事的な危機（経済的危機）に対して、シーレーン防衛構想のような軍事的手段の行使を優先的に選択しようとするものであった。

平時の有事化狙う危機管理構想

総合安保論は、平時と非常時（有事）の一体化および国民統合を限りなく志向するものであり、危機管理体制という名の有事法制の一環として捉えられる。危機管理とは、「国家の直面する種々の危機、あるいは緊張状態を可能なかぎり管理可能なレベルで制御するための、外交、経済、文化、政治、軍事すべての総合的諸活動の体系化」（野村総合研究所『国際環境およびわが国の経済社会の変化をふまえた総合戦略の展開』）と定義される。そして、危機管理構想による危機管理体制の確立に関連して、『八〇年代の通産ビジョン』には、「危機が現実化し、経済の安全が脅かされる場合に、被害を最小限にとどめ、かつ、できるだけ速やかに回復させるため、あらかじめ危機管理体制を確立しておく必要がある。急激な変化に耐えられる柔軟な社会組織、産業構造、企業体質、国民の生活様式をつくりあげなければならない」との記述ある。

ここで言う「急激な変化に耐えられる柔軟な社会組織、産業構造、企業体質、国民の生活様式」の具体的な内容は明らかにされていないが、経済的分野における受益者負担の徹底化による私的利害意識の助長、それによる公共財の消費抑制、あるいは公共財を国家安全保障能力強化のために優先的に消費する防衛費多消費型の財政政策の確立が念頭に据えられていよう。

また、政治的分野でも保守一党支配の非安定性を補強する中道勢力への梃子入れと保守的な傾向を顕在化させてきた〝革新〟勢力の再検討、国内における産業構造では、従来型の自動車・造船・機械を主軸とする資源多消費型の産業構造から知識集約型・サービス産業への構造的転換、企業体質として利益第一主義を是正して地域住民への利益還元を図り、それによって企業批判を緩和し、企業自体も積極的に地域共同体の中核としての役割を果たすこと、さらに、生活様式では省エネキャンペーンを通して国民に浸透している大量消費志向の抑制と、それによる資源節約・備蓄への国民的同意の獲得などが検討されている。

さらに、付け加えておけば、三菱総合研究所の『日本経済のセキュリティに関する研究』では、第一に危機管理政策として経済・技術協力、資源開発への投資・参加によって経済交流を常時実行し、緊急物資・資源の備蓄、配分体制、情報収集とそのチェックシステムの確立を図る「危機回避策」、第二に危機即応ステーション設置、資源の備蓄量・消費節約量を調整する国内経済政策の実施、脅威に対する拒否抵抗力の明示を図る「危機対応策」、第三に危機のトップ管理と明確な状況評価に基づく一貫した国内政策を遂行し、対外政策として紛争解決能力国と協調団結して強制手段の行使を準備する「危機収拾策」の三つに段階区分することで、状況の推移に応じて対処可能な政策体系を確立しようとする案を提言していたのである。

こうした危機管理構想の実現には、政治権力が高度な中央集権性を発揮することが当然に期待されてくる。そのために職場における労働管理、学校教育における愛国心の培養、マスメディアによる情報操作などによって個人的レベルにおける横のつながりを孤立化・分断化する危険性が再三指摘されることになる。

先行する包括的有事法制

米ソ冷戦構造の終焉という国際政治のドラスティックな変化を受け、危機管理組織の中心的組織としての軍隊―自衛隊の積極的位置づけが、湾岸戦争を絶好の機会として強行されることになった。すなわち、掃海艇のペルシャ湾派兵（一九九一年四月）、ＰＫＯ協力法（同年一一月）による自衛隊軍事力の海外派兵という既成事実化のための示威行動と法制化がそれである。

そして、アメリカ軍事戦略の「地域紛争対処戦略」（ＭＲＣ）への転換と、太平洋からペルシャ湾に展開可能な唯一の前方展開部隊としての在日アメリカ軍・第七艦隊を支援する自衛隊および日本の支援態勢を確認した新ガイドライン合意（一九九七年九月）は、平時・戦時を問わず日米協力の細目を具体的に取り決め、より包括的な軍事協力体制を確約したものであった。その意味で、新ガイドライン合意こそ、有事法制を促進するこの段階における最大の契機でもあった。その結果、成立した周辺事態法で実に四〇項目にものぼる協力事項を約束することになったのである。

新ガイドライン合意と有事法制研究との関連性を整理しておけば、第一にアメリカの軍事戦略に呼応するものとして日本の有事法制が規定されることになったこと、第二に周辺事態（周辺有事）とは基本的にはアメリカの有事であり、広範多義な解釈のなかで有事が想定されている関係上、日本の有事法制も極めて広範多義な内容を持たざるを得なくなっていること、である。このことが、有事法制のさらなる促進に拍車をかけているのである。

しかしながら、一連の有事法制研究とその実体化は、ある意味ではいま始まったばかりである。罰則規定や損欠補償の条項を備えた、より完結性の高い本格的な有事法制の整備が今後急ピッチで俎上に上げられることは必至である。それで最終的な有事体制が、日本有事、周辺事態、災害・治安出動など、あらゆる「有事」に即応可能な法制の整備にあることも、既に多くの指摘がある通りである。有事体制の確立のためには、個別的な領域にのみ有効な法体系では所詮限界があり、いわば総合的かつ包括的な有事法制の整備が不可欠とする。

自民党安保調査会・外交調査会・国防部会・外交部会が周辺事態法の法案提出に先立って作成し

た「当面の安保法制に関する考え方」（一九九八年四月八日）と題する文書によれば、法案の国会提出を急ぎ、合わせて所定の法整備を図ることが肝要であるとし、有事法制研究については、政府が従来採ってきた国会提出を予定した立法準備ではない、という前提条件を早急に改めるように要請している。

つまり、今後における有事法制研究は、国会提出による法制化を前提としたものでなければならない、としているのである。そして、具体的な法制の整備は、「今国会における国会会期の状況をも踏まえて次期国会以降とし、既に研究成果の報告がなされている第一分類（防衛庁所管の法令）、第二分類（他省庁所管の法令）については、次期国会以降速やかに法制化を図り得るよう、所要の準備作業に着手すべきである」と、以後に召集される国会においても継続して有事法の立法化促進を政府に強く要請している。

要するに、懸案事項である大方の有事法制を一気に成立させてしまおうというのである。ここに示されたスタンスは、自衛隊法の改定やＰＫＯ協力法の改定など、個別的な法制度の見直しや法制度ではなく、あくまで危機管理型の「総合・一貫した法体系」の整備であり、文字通り包括的な有事法制である。

新有事法制の狙い

より具体的に言えば、一九九七年一一月に防衛庁の外郭団体である平和・安全保障研究所が公表した「有事法制の提言」に示されているように、例えば〝国民非常事態法〟や〝国家緊急事態法〟などのネーミングで有事法制の成立が目論まれているのである。〝非常事態法〟や〝緊急事態法〟の研究自体は、既に活発に実施されてきたものだが、特に頭に「国民」を冠して国民寄りのニュアンスを持たせたところに、かえってきな臭さを感じる。

その内容を簡単に紹介しておけば、（1）「非常事態」概念の明確化、（2）首相が国会の同意を得て非常事態を宣言できることの規定、（3）非常事態の有効期間を六カ月に限定し、期間の延長は国会の議決を要すること、（4）首相は非常事態の宣言をもとに、法律により首相権限を強化できること、（5）国会の非常事態宣言の承認、修正、撤廃などの議決ができることを明記すること、（6）非常事態宣言に伴って、政府が立法化できる有事法制を規定し、これらの有事法制は予め国会に提出して審議を求め、非常事態の宣言とともに立法化の措置をとること、（7）首相は国会に諮って非常事態の終結を宣言できること、（8）非常事態で国民が侵害を被った際、政府の賠償、現状回復などの責任を明記すること、の八項目に要約できる。

一読すれば解るように、ここでは首相権限＝行政権の実質的な意味における無限定な拡大強化が意図され、文字通り行政権絶対主義＝ファシズム国家への転換が明確に射程に据えられているのである。すなわち、外部からの武力攻撃、治安問題、経済的混乱、大規模自然災害など「非常事態」を想定し、この認定権を内閣行政権とその長（首相）に付与することで、恣意的な「非常事態」の創出を可能としたのである。そして、「非常事態」への対応措置を口実に自在に市民社会を統制管理し、さらには抑圧体制のなかに組み込むことを、包括的な有事法制によって実現しようとしたのである。

ここで中心に据えられている「非常事態」対処において生じるであろう諸個人の人権に関わる問題は、国家の危機を全体化することで封殺しようとする。これによって、国家利益を軍事力など合法的暴力装置を自在に起動させ、事実上の軍事警察国家日本への改造を押し進めようとする。

それで、大規模な自然災害に対するボランティアの自発的主体的かつ民主的な動きを国家や行政がサポートするような発想は全く見られない。自然災害対策にも国家による管理統制が強行されるように、政府のいう「非常事態」にも国民の声や市民社会の論理を完全否定したうえでの対応措置が図られようとしている点で、それは勢い非軍事的な問題への対処にも軍事的な対応を安直に選択してしまうスタンスを用意することになる。その結果、常に国家暴力が内外の領域に向けて放射される体制を準備することになるのである。

つまり、外に向けては軍事力、内に向けては警察力の行使が多用される事態が生まれてくることになる。

内閣行政権の肥大化

今後、政府・防衛庁が企画する有事法は、例えば、ここで示した〝国民非常事態法〟に盛り込まれたような包括的で無制限に内閣行政権に全権を委任する性質の法律となることは間違いない。

その意味で周辺事態法は、〝国民非常事態法〟をより現実的なレベルにまで接近させるためのワンステップに過ぎない、という捉え方も可能である。なぜならば、周辺事態法は、既に指摘したように、罰則規定や損失補償などの規定が不在であるなど、有事法制としては幾つかの不完全性・非完結性を持ったものとしてあるからである。

そのなかで特に注意しておきたいことは、どのようなネーミングであれ次の有事法制において、「国民の安全・生命・財産」がキーワードとして多用されてくることである。

例えば、一九九九年三月、経済同友会安全保障問題委員会が作成公表した「早急に取り組むべき我が国の安全保障上の四つの課題」には、「我が国自体の有事や緊急事態に備えた法制も速やかに整備することを求めたい。これなしには、我が国の安全保障の基本である国民の安全と生存そのものを、直接確保することすら困難と思われる」と記されている。また、江間清二防衛事務次官は、有事法制の主要なテーマの一つとされる国民の生命・財産の保護に関する法制の整備に関連して、「国民の生命・財産に関わる法制、つまり待避とか避難、幅広くとらえればいわゆる民間防衛のような分野までである」(『朝雲』一九九九年六月号)と述べている。

民間防衛とは、自衛隊が国民を防衛することではなく、かつてアジア太平洋戦争時において沖縄戦で展開されたように、軍民混在による住民の強制的軍事動員を意味することである。いずれにせよ、ここでは在日外国人を含まないという意味での「国民」の「安全・生命・財産」が繰り返し説かれ、同時に国民負担法としての性格を隠蔽しつつ、戦争法である有事法制反対の動きを封じる試みが巧みに施されようとしているのである。

ところが、「周辺事態」の認定者が事実上アメリカ（軍）であることは、日本政府・防衛庁や国内有事法制推進者の必ずしも本意ではない。それで、まずは外堀を埋めるべく外向きの有事法制を整備し、その不完全性・非完結性の具体的事例を示しながら、より「完全」な有事法制を段階的に整備していくシナリオが、事実上政府・防衛庁ではほぼ出来上がっているとみてよい。

例えば、二〇〇〇年三月一四日に自民・公明・保守の与党三党合意として確認された「新しい事態を含めた緊急事態法制」という内容も、名称こそ「有事」から「緊急事態」としているが、これら一連の流れに沿ったものであることは明白である。

一二〇ミリ迫撃砲を組み立て、攻撃態勢を築く
陸上自衛隊第一空挺団。二〇〇二年一月一三日
習志野演習場（撮影・山本英夫）

第六章 周辺事態法から新有事立法へ

1　周辺事態法の危険な構造

周辺事態法の成立経緯と役割

一九九八年四月二八日、新ガイドラインに伴う「周辺事態に際して我が国の平和及び安全を確保するための措置に関する法律」(以下、周辺事態法)が閣議決定されて以来、極めて短期間に法制化され、翌一九九九年八月二五日から施行されている。この法律は有事法制研究の第三段階として、現段階における文字通りの有事法制そのものである。以下において、その内容に関わる問題点を指摘し、実際にどのような形で発動されるのか、想定しておきたい。

第一には、既に多くの指摘がなされているように、そもそも「周辺事態」なる概念の曖昧さである。だが、この曖昧さは故意に意図された戦略的な判断から導き出されたものである。「敵」の具体化を避けることで、「我が国周辺地域における我が国の平和及び安全に重要な影響を与える事態」(第一条・目的)への対応範囲を無限定に設定し、有事の恣意的な解釈とその対象領域の拡大を押し進めようとしているのである。

この場合に問題となるのは、第三条(定義等)に関連するが、「周辺事態」の内容を規定し、対処行動を起こすべく判断を誰が下すのかという点である。周辺事態法は、日本有事を想定して構成されてはいるが、その実際の目的は米軍支援にある。そこから、「周辺事態」の内容を規定するものは米軍であり、アメリカの軍事戦略にストレートに対応するものとして、この法律が作動する仕掛けになっている。

しかも、同法を読み込んでいくと、「有事事態」の認定者は実質的にアメリカ軍となり、かつ「有事事態」に立ち入る以前より、対処行動を行うことを前提としていることも大きな問題である。つまり、直接的な有事事態の発生を見なくとも、「有事事態」の可能性や兆候が存在したと恣意的に判断が下された場合に、米軍の支援を口実に自衛隊の出動が従来の法的な規制を突き破る形で常態化してくることになる。同法は、まさしく自衛隊の〝海外派兵法〟ともいうべき役割を担って登場してきたのである。

第二には、以上との関連で第五条と第六条に端的に示されたように、同法が「後方地域支援」の名による徹底した米軍支援のための法律、実質的には〝米軍支援法〟として立法されたことである。ポスト冷戦後のアメリカの軍事戦略である「地域紛争対処戦略」の中心は、湾岸戦争に匹敵する戦争を同時に二カ所で遂行可能とする態勢の確立にあった。具体的には、約一〇〇万人の兵力と約二〇〇〇万トンの軍事物資の集積と搬送である。そのためには湾岸戦争当時、ドイツが担ったような役割が日本に期待されているのである。日本がそれに応えて初めて成立する戦略ということになる。従って、第五・六条は、アメリカの軍事戦略の一翼を日本が今後とも強力に担っていくことを法的に証明してみせたものと言える。

第三には、法の執行が内閣行政権に完全に委ねられ、さらに実際の運用については制服組（軍人）の手で実施されることである。その意味で、シビリアンコントロール（文民統制）のシステムが一挙に放棄され、いわば〝軍人による、軍人のための〟有事体制が運営されることになる。

そこでの問題は基本計画を内閣が決定し、実際の運用は〝軍人〟によって現場の動向を睨みながら進められ、内閣総理大臣は計画の決定・変更を国会に報告する義務のみ課せられる構造となっていることである。それゆえ、内閣行政権および自衛隊制服組の独走を国会がチェックすることは、実質不可能である。その意味では、二〇〇一年一〇月二九日の自衛隊法「改正」や、認証官（国務大臣）への格上げの問題など統幕会議や統幕議長の権限強化問題とも絡め、日本においても同法の成立と同時に〝軍部〟の成立、あるいは戦前期における統帥権独立と同質の軍部の独走という構造を用意する可能性が大きいと見ておかなければならない。

国家総動員法との対比

この他にも重大な問題を多く含んだ法としてあるが、最後に少し別の角度から強調しておきたいことは、同法が労働者市民を平時から抑圧するためのシステムとして構想され、またそれを必然化させる内容を持ったものとしてあることである。つまり、同法が朝鮮有事や中東有事を想定した有事法制としてのみ位置づけられるものではないことである。

この有事法制の整備を補完するように、実に様々な有事法制に準ずる法律の制定や「改正」が試みられようとしている。ＰＫＯ法「改正」、中央省庁等改革基本法、内閣法等「改正」（内閣危機管理官設置）、住民基本台帳法、組織犯罪対策法、労基法「改正」など枚挙に遑《いとま》ないが、要するに同法にも通底する国家の意図は、軍事力を自在に使用可能とする平時における軍事体制（＝現代版国家総動員体制）の構築にある。

そこでは有事を想定しつつ、国家の認定する「危機」に即応可能な体制の創出、つまり、諸権限の一元化による高度なトップ・ダウン方式を基本に据えた政治運営が目標とされているのである。そして、そのような体制下にあっては、政治決定に逆らうような組織・個人を法的拘束力のなかで封殺する手はずが濃密に整備されていく。権力による盗聴を合法化するような組織犯罪対策法などは、その典型である。同法が有事を口実とした国内における〝有事ファシズム体制〟とも呼ぶべき、新手の軍事警察国家へのシフトを決定づける危険な法律である面を見逃してはならない。

ところで、周辺事態法の中心をなす条文が、「自衛隊による後方地域支援としての物品及び役務の提供の実施」（第五条）にあることは間違いない。同時に、「後方地域支援」任務の主な担い手が地方公共団体（地方公務員）や民間企業（民間人）を指す「国以外の者」（第九条）とされてい点に同法の狙いが集約されもしている。そこでは、多くの国民が「協力」の名により動員の対象と位置づけられたことから、同法は文字通り国民動員を柱とした戦前の国家総動員法と極めて相似する。

ここで記された「協力」の内容と形式が、戦前期日本ファシズム成立の法的指標とされた動員法を髣髴《ほうふつ》させる点において、様々な議論がなされてきた。そこで最も注目される点は、周辺事態法が「後方地域支援」に地方公共団体の地方自治権や、動員対象者の人権や財産権の補償などの条文を一切明示しない有事法制として登場してきた点である。つまり、同法は、動員業務への従事協力・収用・徴用命令や利益保証、補助金下付、損欠補償の規定を設けた戦前の国家総動員法以上に危険な内容を孕んだ有事法制としてあることである。

国家総動員法は、第一次世界大戦を教訓に、将来戦が国家総力戦の形態を採ることは確実と見た財界や官界、それに陸・海軍の中枢が、国家総力戦に対応する国内政治経済の平時からする戦争動員システムへの転換を目的として制定した有事法制であった。大戦中に早くも軍需工業動員法が制定され、平時からする軍需物資の動員システムが構築された。いわば物的動員の先駆けである。

国家総動員法の目的については、「全国動員計画必要の議」（参謀本部作成）の冒頭で、「軍事上は勿論国家全般の組織を平時の態勢より戦時の態勢に移すに要する事業の全部を総称するものとする」と「動員」が定義され、さらに「国家総動員に関する意見」（臨時軍事調査委員会作成）では、「一時若《も》しくは永久に国家の権内に把握する一切の資源、機能を戦争遂行上最有効に利用する如《ごと》く統制するを謂《い》ふ」とする「国家総動員」の定義を行っている。この意見書を原型にして法制化されたものが国家総動員法であり、そこでは国家総動員を国民動員・産業動員・交通動員・財政動員・その他の諸動員に分別し、その全体を包括する概念として国家総動員なる定義を明らかにしていたことは前章で詳しく触れた通りである。

それで、この意見書に沿うように、一九二〇年代から国家総動員体制の構築を担う諸機関が内閣の下や陸・海軍省内などに相次いで設置されていった。そして、日中全面戦争（一九三七年七月）の翌年、戦争の拡大に伴う軍需物資や兵力の大量動員の必要が求められるなかで、国家総動員計画や総合的国力の拡充・運用などの戦時統制、重要国策の審査などを担当する企画院が動員法の立案作業に乗り出し、衆議院と貴族院での審議を経て、一九三八年三月に可決成立を見たのである。国家総動員法は、軍需物資の動員のみを対象とする軍需工業動員法に代表される従来の部分的動員法に替わって、文字通り国家の総力を戦争に動員可能とする有事法制であった。

国民負担法としての側面

一方、民間人や自治体の動員は、周辺事態法においても、「国以外の者による協力等」の見出しのもと、第九条で「関係行政機関の長は、法令及び基本計画に従い、地方公共団体の長に対し、その有する権限の行使について必要な協力を求めることができる」とし、さらに、第二項でも「国以外の者に対し、必要な協力を依頼することができる」と念を押している。

ここでいう「国以外の者」とは、民間人や地方自治体を指しており、特に地方自治体の協力とは、具体的に都道府県が管理者となっている一般の港湾や第三種空港（民間空港）、公立病院、都道府県警察などが対象となる。すでに、一九九八年五月に在日アメリカ軍が明らかにした有事における「支援要求項目」は実に一〇五九項目にのぼり、このなかには新千歳・成田・関西・福岡・長崎・

那覇など合計一一カ所の民間空港や、苫小牧・函館・新潟・神戸・大阪・博多・那覇の七カ所の港湾施設が含まれていた。

有事においてアメリカ軍が、最も重要視しているのは間違いなく空港施設であり、現在日本には約九〇カ所の空港が存在する。このうち八五カ所が民間空港であることから、これら民間空港をどのように有事において「利用」できるかが、アメリカ軍にとって焦眉の課題となっている。

それで同法では、「協力を求めることができる」としたのみで、罰則規定は明記されていない。条文だけからは拒否することも可能と受け取れるが、政府見解によれば、この第九条の主旨は「一般的業務規定」であって、正当な理由なく拒否することはできないとする立場を採っている。

これに関連し、政府の本音が相次いで吐露された。例えば、江間内閣安保・危機管理室長（当時）は「正当な理由なく断った場合は違法状態になる」（九八年四月一五日）とか、秋山防衛庁事務次官（当時）の「拒否する場合は自治体が合理的な理由を説明する義務を負う」（九八年四月一六日）などの発言である。要するに、罰則規定がなくとも通常の法解釈から、動員を拒否した場合は違法行為と見なすことも可能としているのである。

もちろん、ここで示された政府見解が法理論からすれば、かなり無理のあるのも確かである。問題はそうした法解釈上の議論以前に、すでに実態面において安保条約（第六条）や地位協定（第五条）を根拠に、アメリカの船舶や航空機などが民間の空港や港湾への使用をほとんどの場合、一方的な「通告」だけで頻繁に利用している現実である。

それに加え、これら業務命令を徹底させるために、とりあえず同法を成立させておいてから、時期を見て新たに罰則規定を盛り込んだ法改定を目論んでいることは間違いない。それを暗示するかのように一九九七年には、二つの極めて注目すべき文書が公になっている。

一つめには、防衛庁が公表した「指針見直し関連法整備について」(一九九七年七月)である。そのなかで「自治体からの協力を得るための法的措置」を採ることが不可欠とする認識が示され、さらに「民間業者の役務を提供する場合の強制措置の必要性(罰則)」が明確にされている。二つめには、防衛庁サイドのこうした強い姿勢を受ける形で、自民党国防部会が作成した「新ガイドラインの主な自治体関連部分と今後の法整備の課題」(一九九七年一一月)である。そこでは、「緊急事態に諸施設を医療用に強制使用する法的措置」が検討事項とされた。

これに関連して言えば、アメリカ軍は将来における朝鮮半島有事の際、緒戦でアメリカ軍人や韓国軍人などの死傷者を約一二万人と想定し、このうち重傷米兵一〇〇〇人を日本の病院で手術・治療できるよう要請していることが明らかにされている(『中国新聞』一九九七年一二月一日付)。

また、日本国内ではあまり詳しく報道されなかったが、先の湾岸戦争のおりにも、アメリカ軍から「中東医療派遣団」が要求され、日赤や国公立の大学病院から希望者を募り、約五〇名ほどの医師たちに「見学」の機会が与えられた。それらは表向き自発的参加の形式を採ったものの、今後はこのようなケースにおいて、明らかに強制募集・強制動員という現実が待ち受けることになろう。

自民党国防部会の日本の諸施設や人材の強制使用を保証する法案の整備への関心とアメリカ軍の

要請は、もちろん連動したものとしてあり、これらの状況から考え合わせると、例え今回の法案に具体的な罰則規定が明記されていなくても、既存の法制や法改定などの企画が今から準備されていると見てよい。

新たな動員法としての役割

同法がアメリカ軍の武力行使に日本の自衛隊をはじめ、国家行政機関・地方公共団体・民間企業から個人までの「協力」（＝負担と動員）を要請する新たな「負担法」であり「動員法」であることは間違いない。確かに、自衛隊法第一〇三条（防衛出動時における物資の収容等）のような国民に負担と動員を強制する語調を避け、地方公共団体の長を媒介に「必要な協力を求める」（第九条の一）としたり、「国以外の者」に「必要な協力を依頼する」（第九条の二）などと、間接的な協力要請の形式を踏んではいる。だが、実際には「協力」を要請するものとされるものの関係からして、実質的な強制動員であることに変わりない。

ただ、総動員の内容について言えば、周辺事態法は不透明でかつ漠然とした規定しか設けていないことが大きな特徴と言える。例えば、国家総動員法では「総動員物資」（第二条）で武器弾薬・被服・食料及飼料・医薬品などを、「総動員業務」（第三条）で総動員物資の生産・修理、運輸、通信、金融などを規定しているが、周辺事態法では、どのような業務が具体的な「協力」の対象となるか判らないのである。「協力」の内容を明示しなかったのは、アメリカ側が構想する日本の対米支援の具体的かつ実効的な内容の細部にわたる詰めが不十分であったこと、また動員対象の明示が逆にある種の縛りとなり、有事における協力内容の拡大解釈を阻む可能性があったこと、などが一応考えられる。

だが、そうした「協力」内容の曖昧さと不透明さに、「協力」要請を受ける地方公共団体から「協力」内容の明確さを求める声が挙がり、これに対して内閣安全保障・危機管理室長、防衛庁防衛局長、外務省北米局長が連名で、「予め網羅的に述べることは困難」との回答を行なった。どのような理由であれ、動員対象や内容について明示しないことは、有事発生の場合に動員対象と内容の自在な設定が可能という側面を用意することにもなり、それは動員法と比較しても、より危険な構造を孕んだ有事法制という性格づけができる。

危機に晒される人権や財産権

戦前期の国家総動員法が天皇制の絶対主義的な構造を内部から突き崩し、行政権の肥大化によって総力戦段階に適合する動員システムを構築し、高度国防国家への道を突き進んだ歴史の事実については既に論じたが、こうした問題を周辺事態法に当てはめてみると、同法においても内閣行政権の権限強化が極めて重大な問題として浮かび上がってくる。すなわち、「対応措置の実施」について、「内閣を代表して行政各部を指揮監督する」（第二条の3項）とし、動員の対象となる関係行政機関の範囲は「政令で定める」（第三条の一第5項）となっており、政令政治の実行過程で国内動員体制が事実上構築される仕掛けになっている。以下基本計画（第四条）から実施要領（第五条）に至るまで、原則的には内閣行政権の運営に完全に一任する白紙委任立法であり、それは国家総動員法の作動システムと同一である。

確かに現行憲法では天皇大権や国家非常事態条項は存在しない。その点で国家総動員法制定時のような主旨による憲法違反の議論が出るわけではもちろんないが、基本的に内閣行政権の命令によって、「国以外の者による協力」（第九条）を求めることができるとしたことは、どのような留保が付されようとも、内閣行政権の絶対性を認めた点で、新旧ふたつの「動員法」が同根の有事法制と捉えざるを得ないのである。

また、同法は民間人に協力を求めることが結局のところ人権や財産権への侵害を招き、再び国民を戦争加害者としての立場に駆り立てるものである。極めて曖昧で、恣意的な拡大解釈の可能性を色濃く残す「周辺事態」なる想定を背景に同法が、民間企業や民間人などを含め、すべての国民を対象として武器・弾薬・食料・兵員などの輸送業務、戦傷兵士への治療業務などへの実質強制動員を課しているのである。

地方公共団体にいかなる理由があれ、明らかに軍事目的のために「協力」を強制することは、「地方公共団体の健全な発達の保障」（第一条）や「住民及び滞在者の安全、健康及び福祉を保持」（第二条）することを掲げた地方自治法に反するものである。

民間人の協力には、明確な罰則規定が今回は設けられていないにせよ、一定の強制力や拘束力が課せられることは有事法制の性質上当然のこととなる。しかしながら、有事を理由にして現行憲法で規定された個人の尊重や全体主義・利己主義の否定（第一三条）、あるいは個人が奴隷的拘束を受けることや個人の意志に反する苦役に服させられないこと（第一八条）が破られて良いはずがない。

それで、仮に政府・防衛庁の言う「有事」が発生した場合、有事対応の中核的地位を独占しようとする自衛隊の幹部は、一体有事法制を人権との関係でどのように位置づけているのだろうか。その一端を披瀝しているのは、陸上自衛隊幹部学校機関誌『陸戦研究』（一九八一年二月号）に掲載された関根隆三等陸佐（当時）の論文の次のような一節である。

戦争の本質を考えると、勝つためには人権より指揮権が優先されるのは、必然である。個人の生命が国家の生命に従属する。自衛隊も旧日本軍と同じ強さを維持しなければならない。

純軍事的な立場からすれば、確かに関根の発言は合理的な判断であろう。それが、軍事の冷徹な論理である。しかしながら、戦後日本社会は、そのような軍事論理の呪縛から解き放たれて平和の論理を逞しくすることを重要な基本目標としてきたはずである。その場合、常にその試金石として位置づけられてきた課題が広義の意味における人権であった。その人権を軍事の論理の前に抑制されることは許されない。むしろ、許さないことによって、国境を越えた平和と人権の確立を図ることが、本来の意味における逞しい安全保障を獲得する途である。

2　日米軍事一体化路線と有事体制

アメリカ軍への協力・支援問題

米軍への協力・支援については、日米安保条約第六条において、米軍の施設・区域だけに限定された内容であったが、新ガイドラインでは、実に四〇項目にわたる「後方地域支援」「運用協力」という名の米軍への軍事協力が日本政府に突きつけられている。いうまでもなく、これは現行の日米安保条約にも盛り込まれていない内容である。それは大きく分けて、（1）平素から行う協力、（2）日本に対する武力攻撃に際しての対処行動、（3）日本周辺における事態で日本の平和と安全に重要な影響を与える場合（周辺事態）の協力、の三つに区分される。

なかでも新ガイドラインで明記された「平素からの協力」の内容は、安保条約第六条に示された米軍の極東有事対処だけでなく、米軍の全世界を出動範囲とする有事対処への全面的支援態勢を、「平素」＝平時から確立しておくことに狙いがある。これこそが平時から地方自治体や民間人をも巻き込んで創り出されようとしている、文字通りの現代版〝国家総動員体制〟と言い得るものである。

この場合、「平素からの協力」とは国連との関連性を表向きに掲げながら繰り返されているPKO派兵や、ASEANフォーラムという地域的安全保障体制の強化・確立など、すでに政策化されてきたものも含んでいる点に注目しておきたい。特にこの間、日米両当事者間ではPKO派兵の問題に関連し、有事状態に陥っていない場合にも、「人道的活動」の名目で海外派兵を自在に実行できる方向での検討が開始されている。具体的には、安保対象地域の無限の拡大を証明するものとして、現在アメリカが構想する「アフリカ緊急対応軍」への自衛隊派兵の可能性を予期し、平素からその準備を進めておこうとするものである。

すでに、モザンビークやルワンダへの派兵実績を持つ自衛隊の従来の海外派兵の狙いも、実はこの「アフリカ緊急対応軍」創設構想との関連から出てきたものと考えられる。現在の安保条約に規定された安保対象地域を大きく逸脱した地域までも、自衛隊の作戦対象地域に組み入れようとしているのである。

新ガイドラインの文書には、「有事」の表現は慎重に回避されているが、その実行過程で有事法制の整備が避けられないことを日本政府・防衛庁は最初から隠していなかった。有事法制による有事体制づくりを基本目標とする新ガイドラインの合意成立によって、日本列島は事実上有事体制に入った、と指摘しても過言ではない。事実、新ガイドラインおよび周辺事態法の「周辺事態」とは、地理的空間の無限の拡大を前提として想定される戦争状態を意味しており、その「周辺事態」に対応する「準備」や「検討」が「平素から行う協力」の名で強行されることになっていたのである。

しかも、ここで目標とされる有事体制の中核は、日米が共同して構築する軍事力である。それは、「Ⅲ　平素から行う協力」の冒頭において、「日本は、『防衛計画の大綱』にのっとり、自衛のために必要な範囲内での防衛力を保持する」ことで自衛隊軍事力の増強を図り、アメリカは日本の防衛を口実として、「そのコミットメントを達成するために、核抑止力を保持するとともに、アジア太平洋地域における前方展開兵力を維持し、かつ、来援し得るその他の兵力を保持する」との文面から明らかである。

要するに、アメリカはアジアにおける核戦略を基軸に据えてアジア太平洋地域に展開する約一〇万人の兵力規模を堅持し、かつこの兵力を増援可能な他の兵力と共に常時準備することを宣言しているのである。それで日本は、米軍事力を補完し、「周辺事態」にアメリカと共同対処可能な自衛隊軍事力を整えていくとしている。このことは、同時に日本がアメリカの対アジア核戦略に完全に組み込まれていくことを意味している。

確かに、表向きはアメリカのある種の外圧として新ガイドライン安保体制の再構築が押し進められている形式を踏んでいるが、日本側からも積極的にこの枠組みを選択しようとする意図が見え隠れする。つまり、日本側が冷戦構造の時代における制限的であった日米軍事協力関係を根底から精算し、アメリカの軍事戦略に全面的に関与《コミット》していく決意を示しているのである。

アメリカ軍事戦略に組み込まれる日本

ここでの問題は、日本が関与しようとするアメリカのポスト冷戦時代の軍事戦略「地域紛争対処戦略」が、生物・化学兵器（BC兵器）を使用した国家には核兵器の使用を容認し、「大統領指令六〇号」（一九九七年一一月）に象徴されるように、より具体的には〝使い易い核兵器〟と位置づけられ、地中貫徹型小型核爆弾（B61―11）などの使用を前提として組み立てられていることである。ソ連というアメリカと並ぶ核超大国の消滅もあって、核使用踏み切りの敷居が低くなっている現実がある。加えて、インド・パキスタンの核兵器保有に見られるように、核の拡散という世界的状況のなかで、核戦争の可能性が強まっている。

さらに、周辺事態法の冒頭の後段には、日米両政府が各々の政策を基礎としつつ、日本の防衛と併せて、より安定した国際的な安全保障体制構築のため、平素から密接な協力の維持を約束するとした文面が登場する。すなわち、「日米両国政府は、平素から様々な分野での協力を充実する。その協力には、日米物品役務相互提供協定及び日米相互防衛援助協定並びにこれらの関連取り決めに基づく相互支援活動が含まれる」と記されている。要するに有事事態においてアメリカへの人的物的支援を円滑に遂行していくには、「平素から様々の分野での協力」が不可欠とされ、平時からの軍事動員態勢の確立が求められているのである。

平時からの軍事動員態勢の方針は周辺事態法にも明確に盛り込まれており、同法の第五条と第六条には「後方地域支援」の名による徹底した米軍支援態勢づくりが記されている。そこでは、とりあえず、米軍への支援を第一の目標に据えられてはいるが、同時的に日米共同軍の展開を支援する態勢づくりも展望されている。

前節で触れた通り、「地域紛争対処戦略」が求める戦争とは、湾岸戦争に匹敵する規模の戦争を同時に二カ所で遂行可能な軍事動員態勢の確立にある。アメリカは湾岸戦争当時にサウジアラビアやドイツが担ったような役割を日本に期待しており、日本からの支援態勢が整うためにも、「日米両国政府は、平素から様々な分野での協力を充実する」必要があると確認されているのである。

これに関連して、防衛庁は二〇〇〇年八月、周辺有事の際にアメリカ軍との共同作戦をより円滑に進めることを目的とした「米軍有事法」の制定に向けた研究作業の本格化を公表した。新聞報道によれば、研究内容は、①有事に米軍が必要とする土地、施設の強制収用や物資提供を可能とする法令整備や、②道交法、航空法など国内法令の適用除外についての検討が行われるという（『朝日新聞』二〇〇〇年八月二一日付朝刊）。要するに、これは現行の駐留軍用地特別措置法などの手続きを踏まないまま、アメリカ軍の要請に従って土地や施設を収用・提供することを目的としたものである。

強化される情報交換と政策協議

機雷除去や空海域調整など、新ガイドラインに明記されながら周辺事態法には盛り込まれなかった事項がいくつかある。警戒監視（情報交換）もそのひとつである。「Ⅲ　平素から行う協力」の第一項には、「1　情報交換及び政策協議」が掲げられ、「日米両政府は、正確な情報及び的確な分析が安全保障の基礎であると認識し、アジア太平洋地域の情勢を中心として、双方が関心を有する国際情勢についての情報及び意見の交換を強化するとともに、防衛政策及び軍事態勢についての緊密な協議を継続する」とある。

自衛隊は、一九九七年一月に統合幕僚会議のなかに情報本部を設置するなど、日米安保再定義路線の浮上に呼応するかのように、ここに来て一段と情報収集能力の強化と態勢強化を図っている。ハード面では対潜哨戒機P3Cや、一九九八年三月に自衛隊浜松基地に配備された早期空中警戒機（AWACS）E767（後に二機追加配備）による洋上監視、象の檻による通信傍受、北朝鮮から発射されたミサイルを日本海で追跡していたイージス艦「ちょうかい」の動向など、確かに日本の情報収集能力の飛躍的向上が見られる。

なかでも、AWACSの導入に関連して新ガイドライン中間報告が発表された当時、「情報交換、情報の提供、これは日本に四機導入されることになっておりますAWACSの参加もふくまれるか」という松本善明議員（共産党）の質問に応えて、秋山昌廣防衛庁防衛局長（当時）は、「情報収集活動の一環としていろいろのものがございます。そのうちに一つにAWACSの情報収集も当然入ります」（衆議院外務委員会・一九九七年六月一一日）と明言していた。

そこでは、収集された日本側の情報が米軍と情報通信網で直結されて提供され、また米軍の情報も日本側に提供されることを明記している。しかし、実態は米軍の圧倒的な情報収集能力から、日本側が一方的な受け手となる現実は従来と変わりない。確かに、イージス艦「ちょうかい」のミサイル追尾により確保された情報が米軍側に提供されたようだが、北朝鮮のミサイル発射直前の情報はアメリカ軍から提供され、日本の自衛艦はアメリカからの依頼、すなわち、事実上の指示によって日本海での待機と追跡という軍事行動を取ったに過ぎない。

対等でない「情報交換」の現実

一九九七年六月に実施された防衛庁内局の組織替えの際に防衛局から運用課を切り離して局に昇格させて運用局を設置したが、このなかに市ヶ谷の中央指揮所や統合防衛デジタル通信網(IDDN)の整備を担当する指揮通信課を置いたのも、こうした一連の「情報交換」態勢の強化という文脈に沿ったものであった(運用局長は日米防衛協力小委員会の正式メンバー入りすることになった)。

だが、ここで問題としなければならないことは、日米の情報収集能力の格差ゆえに生じる必然的な結果から、「情報交換」なるものが決して、相互に対等の形で進められるものでないことである。現実に、アメリカ軍の情報をベースにして作戦行動を規制されることは必至であり、そのことはアメリカ軍の主導権下に、日本自衛隊が文字通りアメリカ軍の従属部隊としてしか機能しないことを意味している。日本政府・防衛庁は、そうした実態を十分に承知しており、米軍主導の日米混成部隊の創出に事実上合意しているのである。

そうだとすれば、さらに重大な問題がこの項目から派生することになる。それは、「周辺事態」

という認定の基礎となる情報分析をアメリカ軍の手に委ねることが、「周辺事態」（＝有事）の是非の判断をも一方的に仰ぐことになることである。日本政府は、この点について日本側の主体性を発揮し得るとしたが、圧倒的な情報収集能力格差と従来からの日米情報交換の実績から、それは机上の空論に等しいと言える。

ここにおいて確認しておくべきは、この「情報交換」という文言の下で、「周辺事態」の認定者としてアメリカ軍があり、日本政府および自衛隊はアメリカ軍の認定する事態＝有事に際し、無条件に軍事的かつ人的な協力を求められることである。しかも、その事態に備えて、「情報交換及び政策協議は、日米安全保障協議委員会及び日米安全保障高級事務レベル協議（ＳＳＣ）を含むあらゆる機会をとらえ、できる限り広範なレベル及び分野において行われる」ものとし、アメリカの認定した事態に日米が政策協議すると言うのである。要するに、アメリカが認定し、主導する有事＝戦争に日本が政策的に「平素」から関わることを約束させられているのである。

危険な安全保障概念の拡大解釈

「2　安全保障面での種々の協力」の項目のポイントは、安全保障概念の恣意的な拡大解釈の試みである。新ガイドラインがアジアおよび世界の有事化に対応する日米軍事共同体制づくりに主眼が置かれていることは明らかである。その軍事色を希薄化・曖昧化する試みとして、「安全保障面での地域的な及び地球的規模の諸活動を促進するための日米協力では、より安定した国際的な安全保障環境の構築に寄与する」とし、国連平和維持活動（ＰＫＯ）や国際救援活動の分野における日米の協力が強調される。

一九九二年一〇月、ＰＫＯ協力法が成立して以来、自衛隊はカンボジア・モザンビーク・ゴラン高原と海外派兵を重ね、一九九八年一一月には災害救助を理由に中南米のホンジュラス派兵が行われた。自衛隊は「平和維持」「災害救助」を看板に掲げながら、文字通り地球規模での活動の実績を重ね、近い将来に本格化しようとする日米合同軍の一翼を担いつつ、世界のあらゆる地域での作戦行動を円滑に履行するための訓練を重ねているのである。

「周辺事態」なる名称が冠せられた法律において、地理的限定的なものではなく、地球規模で派生するとされる日本とアメリカの「平和と安全」にとっての脅威を「事態」＝有事とする以上、ここから導き出される結論は、日米（とりわけアメリカ側）が恣意的に「事態」と判断する状況において、自衛隊が何時でも何処にでもアメリカ軍と共同して派兵される現実に直面していることである。そのような軍事行動の可能性や意図を覆い隠すために、有事も平和維持活動も災害も同次元で安全保障の概念として括られているのである。恣意的で御都合主義的な安全保障論の拡大解釈というほかない。

国益の保守や拡大を目的とする有事＝戦争と、人間の基本的人権の保障・擁護しようとする平和維持活動や災害救援活動とは、同次元で捉えられるものではない。有事対処と人権保障とでは、問題の本質もまた解決の手段も根本的に異なるはずである。それを意図的に混在させてしまうやり方は危険であり、それこそ軍事主義の採用を意味する。ここから、PKO派兵や国際救援活動の背景にあるものが、「平素」からの海外派兵出動への地均しと常態化、さらには出動訓練にこそ本当の狙いが込められていると指摘せざるを得ない。こうして、軍事行動の危険な意図を薄める試みが、巧みに用意されているのである。

「包括的メカニズム」の実態

「平素から行う協力」のなかで、最も注意すべきはこの「3日米共同の取り組み」に記され、日米が連合して戦争態勢の構築を進めるための「包括的メカニズム」および「調整メカニズム」と称する二つの機構（メカニズム）であろう。特に前者は、一九九七年九月二三日の「日米共同声明」の発表において、新ガイドラインを実行する上で「決定的に重要」と位置づけられた機構である。

橋本龍太郎内閣期の一九九八年一月二〇日に小渕恵三外相と久間章生防衛庁長官がコーエン米国防長官と会談し、新ガイドラインを実行する中核組織として「包括的メカニズム」を同日付けで発足させた。同時に、日本有事の共同作戦計画と周辺事態の相互協力計画の策定に着手することで合意し、日本政府は「包括的メカニズム」のもとで新ガイドラインの実行作業に入り、有事関連法案の検討作業を進めた結果、周辺事態法案の国会上程にこぎつけた経緯がある。さらに、同年二月一二日から実施される日米共同統合指揮所演習（キーン・エッジ98）での成果が、「共同作戦計画」の検討に活用されることになった。

「包括的メカニズム」は、アメリカ側から米国務長官と米国防長官、日本側から外務大臣と防衛庁長官からなる「日米安全保障協議委員会」（SCC、2プラス2）、両国政府の外交・防衛関係省庁の局長と米太平洋軍の代表、自衛隊の統合幕僚会議事務局の代表者からなる「日米防衛協力小委員会」（SDC）、一九九八年一月二〇日の日米閣僚会議で新設が決定した組織で、日本側から自衛隊の統合幕僚会議、陸海空幕僚監部、アメリカ側から在日米軍司令部、太平洋軍の代表らで構成される「共同計画検討委員会」（BPC）、日本政府の「関係省庁局長等会議」（一七の省庁が参加）、必要の都度外務省と防衛庁が設定する「連絡・調整の場」の五つから構成される（一九一頁の図を参照）。

新ガイドラインでは「包括的メカニズム」の任務を、「日本有事」の「共同作戦計画」と「日本周辺有事」の「相互協力計画」（実態は「共同作戦計画」）を策定し、「準備のための共通の基準」と「共通の実施要領」、すなわち、アメリカ軍と自衛隊の共通の「戦時即応段階」と実戦のための「作戦規定」や「交戦規定」の作成としている。要するに、「包括的メカニズム」は、アメリカ主導の作戦計画や動員計画の立案作成を担当する日米両国間の合同軍事機構なのである。

そのような目的・任務を期待された機構である「包括的メカニズム」には、いくつかの問題点が残されている。第一に、「包括的メカニズム」を構成する各組織間の関係が必ずしも明らかでなく、「共同作戦計画」や「相互協力計画」の原案が一体どの組織で作成されるのという点である。「包括的メカニズム」の構成図を見る限りでは、基底部分に位置するBPCと考えるのが現在大方の見方である。

　だとすると、ＢＰＣが日米両国の制服組（武官）だけで構成されている点が問題となる。原案作成者が制服組となり、そこでの原案が上の組織として描かれているＳＤＣで検討されるはずである。主に背広組（文官）から構成されるＳＤＣが、ＢＰＣとの関係で「調整」の役割を与えられており、そのことは両組織が対等な関係に位置づけられていることを意味する。

　つまり、同時に制服組と背広組とが対等とされてい

「包括的なメカニズム」の構成

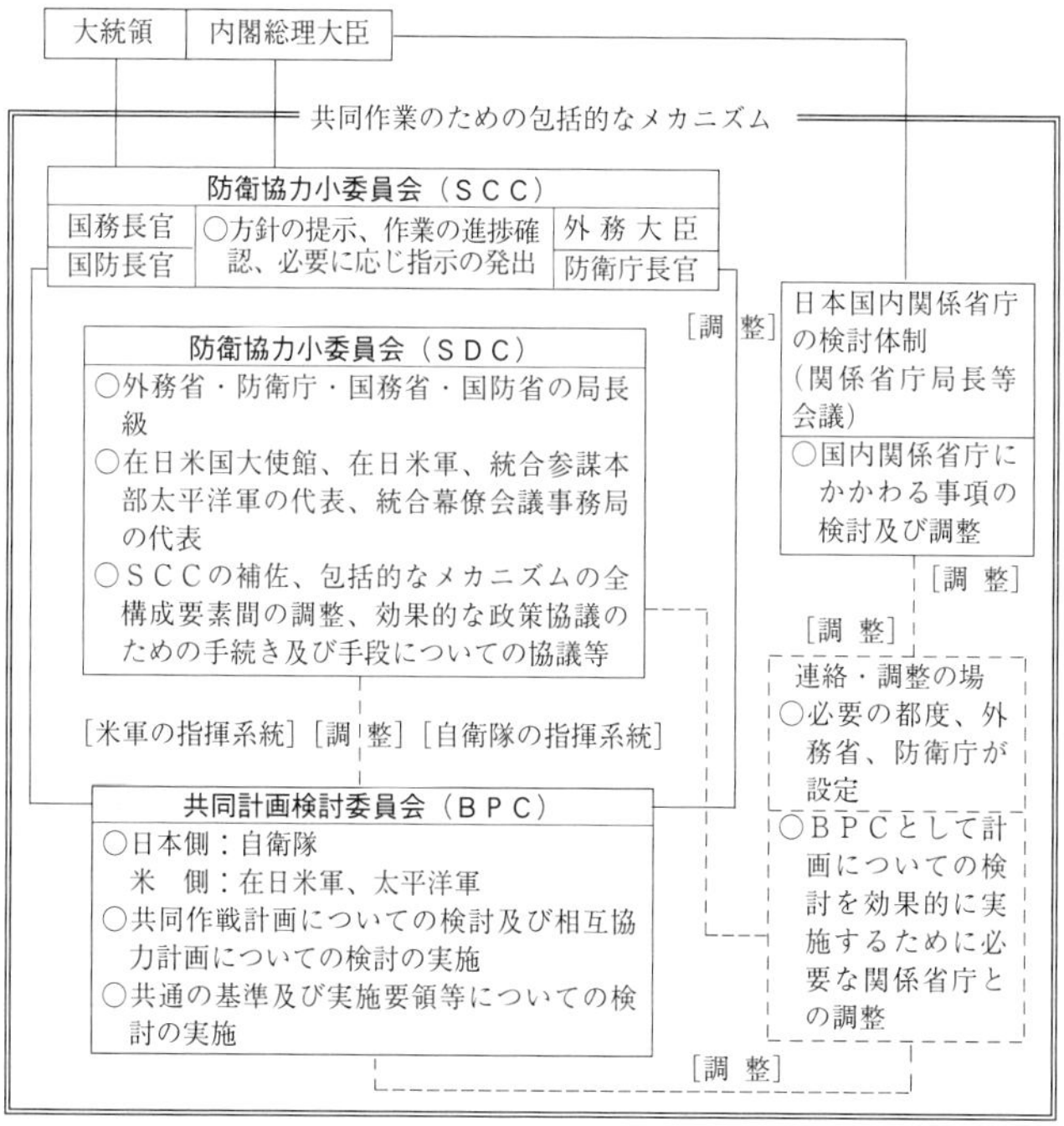

るわけで、背広組優位の従来の関係を精算しつつ、実質的には制服組優位の機構運営が意図されていると言ってよい。自衛隊統幕議長の権限強化を中心とする制服組の地位向上を視野に入れながら、最終的にはシビリアンコントロール（文民統制）の逸脱ないし否定が目論まれているのである。

シビリアンコントロールの否定を示唆するのはそれだけでない。日米両国の制服組からなるBPCがSCCと実線で結ばれ、しかも場合によってはSDCをスポイルする可能性がある。実質的にスポイルされているのはSDCだけでなく、関係省庁局長等会議にしてもBPCと調整関係を確保しているだけで、原案作成や実行においての発言力や影響力が保証されてはいないのである。

このことは「包括的メカニズム」が最終的には日米両国の制服組によって「計画の検討」が行われていくことを意味し、ここに同メカニズムの本質的な危険性が存在する。平素から制服組主導による日米共同作戦計画や相互協力計画、つまり、戦争政策と戦争動員政策が押し進められる構造づくりが画策されているのである。

「調整メカニズム」の中身

「包括的メカニズム」とともに「調整メカニズム」と称する極めて危険な機構づくりについても触れておかなければならない。なかでも後段における「日米両国政府は、このような共同作業を検証するとともに、自衛隊及び米軍を始めとする日米両国の公的機関及び民間の機関による円滑かつ効果的な対応を可能とするため、共同演習・訓練を強化する。また、日米両国政府は、緊急事態において関係機関の関与を得て運用される日米間の調整メカニズムを平素から構築しておく」とする箇所が問題である。

一九九八年一月二〇日の日米閣僚会議で、「構築への努力を継続する」ことが決定された。そこで示された「調整メカニズム」とは、平時からの「緊急事態」(有事)に備える為の組織を意味しており、アメリカ軍と自衛隊の「共同調整所」、すなわち、米日連合司令部の創出を意図したものであった。「調整メカニズム」とは軍事的意味での「連携メカニズム」、すなわち、事実上「米日連合司令部」のことであり、日米両軍が統合軍を編成して軍事行動を展開する場合の共同指揮所としての役割を担う機関となる。

これに関連する既成事実の積み重ねが進められており、在日米軍司令部(横田基地)、第五空軍司令部(同)、在日海軍司令部(横須賀基地)、米陸軍軍事輸送司令部(横浜)など、主な米軍司令部には幹部自衛官が派遣・常駐されるようになっている。また、米第七艦隊の指揮官会議には、自衛隊艦隊司令官などがオブザーバーとして参加している。さらに、一九九八年一一月に実施された大矢野原演習場(熊本県)や霧島演習場における日米の統合軍事演習に象徴されるように、軍事演習の回数が急増している。日米両軍はソフト面においてもハード面においても、いつでも連合軍事司令部の立ち上げが可能な態勢を整えつつある。

そうした方向性は、今に始まったことではない。実際のところ、「調整メカニズム」と呼ばれる日米間の軍事的連携の実績が、日米連合司令部の機能確立を目標として過去二〇年の間にも様々なレベルで積み上げられてきた。例えば、秘密裏に策定されたいた有事法制案として国民に衝撃を与えた「三矢作戦研究」（一九六三年）では、朝鮮半島で有事事態が発生したとの判断が下った場合に、日米両国は「日米作戦調整機構」の構築を図り、臨時国会を招集して二週間で八七件の有事法制を「国会での論議を省略して成立させる」としていた。

また、ベトナム戦争がアメリカ軍の完全敗北に終わった直後の一九七五年夏、アメリカは日本政府に「日米共同作戦調整所」の設置を提案した。当時の三木武夫内閣はアメリカの圧力による軍拡要請に対応して、国民総生産（ＧＮＰ）の一パーセントを前提にした「防衛計画大綱」を策定し、あくまで日本政府のペースでの防衛力整備の方針を貫こうとした。三木内閣は、文字通りの軍事共同機関である「日米共同作戦調整所」の設置要求に同意しなかったが、その代替機関として「日米防衛協力小委員会」と称する協議機関の設置を認めた。しかし、この二つの組織に実質的に大差はなかったことが今日では明らかになっている。

このように、「日米作戦調整機構」から「日米共同作戦調整所」へ、そして新ガイドライン下における「共同調整メカニズム」への流れを一瞥するだけでも、集団的自衛権の容認とその実行に向けての準備が確実に進められていることが判る。新ガイドラインでは、事実、この「調整メカニズム」を「両国の関係機関の関与をえて」「平素から構築しておく」と宣言しているのである。

UH－1ヘリに乗り込み強襲作戦を展開する陸上自衛隊第一空挺団。二〇〇二年一月一三日習志野演習場。（撮影・山本英夫）

第七章 有事法制の現段階とテロ対策関連三法の成立

1　有事法制の基本的性格

指揮権問題と治安強化対策

ここで繰り返して問題とすべきは、日米連合司令部が創出された場合の日米統合軍の指揮権問題、「平素」からの準備を迫られることになる米軍支援態勢の一環としての「平素」の有事化を保証する治安態勢の強化問題や治安立法群の整備についてである。そこで、従来の日米統合軍事演習の実態から、アメリカ軍が指揮権を掌握する方向で調整されているはずである。しかし、日本政府は「集団的自衛権」の行使に触れるとして、その実態を曖昧にしてきた。

だが、一九八五年に公開された旧「安保条約」に基づく行政協定に関わる米外交記録において、日米両政府の間で、「有事か否かは米政府が単独で判断し、必要とあれば行政協定による規制を一時的に廃棄し、米軍人を司令官とする日米合同司令部を設置する」ことで合意（秘密の口頭了解）していた事実が明らかとされた。それは、かつてベトナム戦争における米韓合同軍の指揮系統の実態と同一である。

すなわち、平素（＝平時）において、韓国軍の指揮命令権は韓国側が掌握していたものの、ベトナムの戦場に投入された韓国軍の指揮命令権は、アメリカ軍の手に完全に委ねられた。ベトナム戦争で示されたように、アメリカは「一戦域一指揮官」の原則を保守してきた超軍事大国であり、自国軍隊の指揮を他国に委ねることは決してない。したがって、新ガイドライン下の「米日連合作戦」の指揮官は米太平洋総司令官となり、自衛隊はその指揮下に置かれる米太平洋軍の一支隊として位置づけられることになろう。

もう一つの問題は、この「調整メカニズム」なる日米合同有事対応機関ともいうべき軍事権力機構において、米軍への民間港湾・空港などの諸施設や土地の提供、港湾・空港での荷役作業、軍事物資・燃料などの生産・備蓄・運送、艦艇・航空機・車輌・兵器などの整備・修理、軍事施設の建設、軍事施設および艦艇等の汚水処理・給水・給電、医療支援、重要施設の警備などの項目に多くの民間人や行政職員の動員体制が「平素」より準備されることである。そのためには、日本の人的物的動員や負担が不可欠とされており、そうしたアメリカの要請に応えていく態勢を「平素」から確立しておくために整備されたのが有事法制であり、その第一段が周辺事態法なのである。

市民社会の有事化

だが、有事法制はこれだけに留まるものではない。第一〇三条を中心とする自衛隊法、国連平和維持活動(PKO)協力法、道路交通法、航空法、港湾法、河川法、自然公園法、森林法、医師法、医療法、墓地・埋葬関連法、不動産関連法、建築基準法、火薬取締法、会計法などの改定、市民生活に直接的に関わる諸法律の改定によって、有事事態に伴う動員体制が円滑に機能するための法的準備が意図されている。

同時に、こうした一連の戦争動員体制構築の阻害要因となるような対象を排除していくために、危機管理体制の強化を名目に構想されているのが、組織的犯罪対策法、住民基本台帳法などの制定や改定の動きに見られるような国内治安対策の強化である。

それと連動して、内閣行政府の危機管理体制構築への歩みも着々と進められている。内閣官房に内閣危機管理監を新設し、その下に内閣安全保障・危機管理室や内閣情報センターの設置（一九九六年八月）、警察庁における七都道府県に創設する対テロ特殊部隊（ＳＡＴ）の増強や国際テロ緊急展開チームの設置（一九九八年四月）など、警察の治安機能の拡充も顕著である。

「平素から行う協力」とは、このように国内の軍事動員体制づくりだけでなく、新ガイドラインという一種の〝外圧〟を追い風にしつつ、国内治安体制の整備・強化をも必然化させるものとしてある。これらの措置が、さらなる軍事警察国家へのシフトを意味するとすれば、それがどれだけ時代に逆行した誤った選択かは言うまでもないところである。

こうした問題を考えるうえで、かつてベトナム戦争のおり、直接的にはベトナムとの利害関係を持たない韓国がアメリカの要求で米韓合同軍に組み込まれ、望まない戦争に加担することになった事例を想起すべきである。この時、韓国はベトナム戦争開始当初に医療・運送など後方支援に従事させられ、戦争の長期化と拡大にともないアメリカ軍司令官指揮の下に韓国軍の投入を要請された。

その結果、韓国は最終的に三〇万人以上の兵力を派兵し、三七三九人の戦死者と一万人以上の負傷者、そして現在に続く戦傷後遺症で苦しむ出征兵士を抱えることになった。韓国のそうした苦い体験を、今度は日本が味わうべき戦時動員体制を「平素」から構築しておくことが、新ガイドラインで合意され、今回の法案で具体的に法制化されようとしているのである。

一九九八年一一月二三日にアメリカ国防総省が発表した『東アジア戦略報告』（EASR）には、新ガイドラインを「従来より効果的な二国間協力の基礎を提供する」と明記されている。しかし、実態はそうではない。周辺事態法は主権国家日本の「自衛」のためではなく、それとは無関係の米軍の活動を支援するために日本の人的物的資源が強制的に投入される、いわば従属法制なのである。同法の危険な本質は、まさにアメリカへの従属性と市民社会の有事化にこそある。法案の成立は、日本の社会が文字通り平素から有事状態化することを意味しているのである。

最近における有事法制問題

有事法制問題に関連して触れておきたいのは、一九九九年五月二八日、衆議院安保委員会における野呂田防衛庁長官（当時）の発言である。その内容は、防衛庁が、一九九七年以来続けてきた「有事法制研究」の第三分類（所管省庁が明確でない事項に関する研究）について「中間報告」を同年の六月中に発表するとしたもので、いよいよ戦争法としての有事法制の完成を予告させるものであった。

その「中間報告」においては、（1）有事おける住民の保護、（2）民間船舶及び航空機の航行の安全を確保する措置、（3）電波の効果的使用、（4）ジュネーブ条約などにもとづく捕虜収容所の設置や捕虜の扱いについての法整備、が検討されるとする。その狙いは、有事において軍事的障害物の対象とされる住民の行動を軍事的に統制・規制することと同様に、民間の船舶や航空機、それに電波の軍事統制を準備するものであり、捕虜の取り扱い問題についても、明らかに戦争発動に伴う捕虜の発生を想定した法整備である。

政府・防衛庁は、従来から「日本有事」において自衛隊が出動する場合には、国民の強制動員や物資収用を可能とする自衛隊法第一〇三条の実施を目的とした政令案の検討を継続している。それは「公用令書」一枚で全部で一一業種にも及ぶ労働者の強制動員や物資収用を罰則規定つきで可能とさせるもので、まさに国家総動員法あるいは国民負担法としての性格を多分に秘めたものとしてある。それと同時に、先の「中間報告」での検討事項も先取りする形で検討されており、そこには建築基準法や電波法に関して軍事行動を最優先する、文字通り軍事の論理が貫かれているのである。

この他にも、自衛隊の行動を全面化する措置として領土・領海・領空を合わせた「領域警備」の任務を与えようとする「領域警備法」構想が打ち出されたのもこの時であった。これは自衛隊が治安出動を待たずとも「領域警備」を名目として「平時」から自在に「警備」という形式で、実質的に地域の軍事管理・統制を可能にさせる有事法制である。

また、軍事目的の道路建設を狙う道路法、海岸での陣地構築を目的とする海岸法、指揮所建設を目的とする建築基準法、野戦病院の設置を目的とする医療法など、あらゆる領域に関する有事法の制定構想が重層的に進められ、機会を見ては個別法として制定されていくのである。その一つが二〇〇〇年末に制定された「船舶検査活動法」である。同法に示された検査活動海域として「周辺公海」と明記されたように、これは明らかに「周辺事態」(有事)に対応する海上自衛隊の軍事行動を許容するものである。防衛庁内外でその整備が強く主張されている「ROE」(交戦規定)の問題とも関連づけると、検査活動に伴う交戦の可能性を前提にした有事法制として勘案されていることは間違いない。

内閣機能強化策としての地方分権一括法

二〇〇一年一月からスタートした一府一二省庁の新体制は、有事法制国家という側面でいえば、戦争のできる国家を射程に据えた戦後版〝国家改造計画〟の総仕上げを意味している。その法的根拠となったのは、一九九九年七月八日に成立した一七の法律から成る中央省庁等改革基本法である。その第一条「内閣機能の強化、国の行政機関の再編並びに国の行政組織並びに事務及び事業の減量、効率化等の改革」の内容に端的に示されているように、同法が内閣行政権の強化にあることは間違いない。それは国会の権限を弱体化させるものと言える。要するに、立法権を形骸化する「高度行政国家」への道が堂々と宣言されているのである。

さらに、同法第二条では、「国が本来果たすべき役割を重点的に担」うことで、外交・防衛問題における中央政府の独占的権限を明確化にし、同時に地方自治体施設の管理運営権放棄を規定している。つまり、今後一層予測されるアメリカ艦船の一般港への入港に際し、これまで管理権者として許認可権を行使できた地方自治体の首長や地方自治体住民の権利を剥奪していく法体制が準備されたのである。

内閣行政権の絶対化は具体的には、「内閣府・総務省体制」（今村都南雄・中央大学教授）と指摘されるように、内閣府（総理府・沖縄開発庁・経企庁を統合）と総務省（総務庁・自治省・郵政省を統合）とが内閣を補佐し、防衛庁と国家公安委員会が外局とされて内閣府の直轄機関として位置付けられた点に求められる。要するに、内閣機能（官邸機能）強化の体制化であり、内閣そのものが有事即応体制に転換されていくのである。

そのために、内閣法の改訂が行われ、内閣および首相の権限強化が打ち出された。例えば、「内閣は国民主権の理念にのっとり、日本国憲法第七三条その他の日本国憲法に定める職権を行う」（傍点引用者）とされたが、傍点部分は旧法になかった文言である。ここには、戦争の発動（交戦権の発動、武力行使）をも国民の意思に基づいて実施されるとする強弁が用意されているのである。さらに内閣法第二条では、旧法に「内閣総理大臣は、内閣の重要政策に関する基本的な方針その他の案件を発議することができる」を追加し、内閣の合議制から首相の発議権を明記し、有事における首相の絶対的な権限を付与するとしているのである。

周知の通り、従来の総理府は各行政機関の施策や事務の総合調整を行政機関に過ぎなかったが、

「内閣府・総務省体制」は官僚依存型行政システムを政治主導型（＝官邸主導型）行政システムに改編していくものである。既述の通り、防衛庁と国家公安委員会とが新設の内閣府の直轄機関となり、現在の内閣内政審議室、内閣外政審議室、内閣安全保障・危機管理室が、内閣企画調整室（仮称）に一括して統合され、内閣の有事即応体制が飛躍的に強化されるのである。

アメリカの軍事戦略への連動

このような内閣機能の変容を、戦前期日本の〝統帥権（＝軍隊指揮権）の独立〟により軍部が戦争指導に絶対的な権力を掌握した歴史との対比から、筆者はこれを〝行政権の独立〟と敢えて呼びたいと思う。いまや行政権は日本国憲法で明記された国権の最高機関としての国会の役割を相対化・形骸化し、これを実質的に上回る権能を獲得したのである。

換言すれば、内閣府は民意を反映する場としての国会をないがしろにしつつ、戦争指導をも独占的に遂行し得る位置を確保したことになる。こうした一連の動きは、日米安保再定義から周辺事態法、さらには今後予測される米軍有事法や国民非常事態法など一連の有事法制の整備により、アメリカ軍との共同軍事体制を担うに適合的な国家体制の整備という文脈で捉える必要性があろう。

もう一つ触れておきたいのは、地方分権一括法に危険な罠が幾重に張りめぐらされている点である。例えば、同法においては、文字通り〝一括〟して改訂作業が強行されたため十分な議論が行われなかったが、地方自治法の第一条の二項において国と地方自治体の役割分担がこれまで以上にクリアにされている。このうち最大の問題は、国が軍事・外交を担い、地方自治体が福祉を担うという点である。要するに、軍事・外交、それに治安は国の専権事項であり、地方自治体や自治体住民には口出しを許さない、という国家専権事項論を振りかざしているのである。

戦後における地方自治法の制定は、一口で言えば、中央政府に一元化された強力な権限を地方自治体に委譲し、自治体の機能をレベルアップすることで戦前の高度行政国家あるいは高度国防国家（＝ファシズム国家）としての国家形態を徹底して解体することに目標が置かれた。

ところが、戦後自民党政権は官僚と連携を太くして、補助金と地方交付税によって自治体を財政面から統制管理してきた結果、本来の自治機能を発揮させる機会を奪ってきたのである。さらにここにきて、「合併推進の指針」（九九年八月四日）や合併特例法などで、地方自治体の財政難を理由に、中央集権制強化のために道州制の導入などを視野に入れながら自治体潰しが進められている。その延長線上に今回の国家専権事項論が堂々と出てきた経緯がある。

これらを総じて言えば、絶大な権限を持った中央政府と官僚機構が再構築され、民主主義の実践の場である地方自治体を事実上解体し、自治体の管理下にある空港や港湾をはじめとする施設の軍事利用を、自治体住民の声を無視して恒常化する意図が明らかである。このことから、アメリカの軍事戦略と呼応かつ連動して、この国がいつでも戦争を政治手段として積極的に採用しようとする意志と準備を始めていると判断せざるを得ないのである。

2　同時多発テロ事件とテロ対策関連三法

テロ対策特別措置法の成立

二〇〇一年九月一一日、アメリカで発生した「同時多発テロ事件」を奇貨として、翌一〇月二九日に成立したテロ対策特別措置法は、いわば周辺事態法の地理的かつ内容的な縛りを一気に解き放った有事法制としてある。二年間の時限立法とはいえ、政府の判断で恣意的に法的効果なき場合には延長をも可能としている点でも問題の多い法形式を備えた法律として登場した。

同法は有事法制のひとつである米軍支援法制定構想の流れに沿ったもので、周辺事態法の限界性を突破し、あらゆる地域と事態に随意に自衛隊を派兵・参戦することを可能とする法律として成立した。要するに、テロ事件を奇貨としてアメリカの「報復戦争」に日本自衛隊が積極的に加担する〝自衛隊参戦法〟である。

その危険性と違憲性を要約すれば次のようなことになろう。

第一に、国際法からも見ても根拠なき法律である。同法の目的を「国際連合憲章の目的の達成に寄与する」（第一条）とするが、テロ事件発生の翌日（九月一二日）に行われた「米国におけるテロ攻撃に対する批判決議」（一三六八号）は、国連決議はテロ攻撃への非難決議であって、アメリカの「報復攻撃」を支持する内容では全くないし、この時点でそうした「報復攻撃」がなされることをおよそ想定していない。つまり、国連安保理の場で、武力行使承認決議を行ったわけでなく、従ってアメリカは個別自衛権の行使の形でアフガン爆撃に踏み切ったにすぎない。こうした事実にもかかわらず、日本政府は、アメリカが国連のお墨付きを得てアフガン爆撃を断行しているかの如き捉え方をしている。

そもそも軍事力による「復仇」（報復）は、国際法の容認するところではない。しかし、日本政府は緊急性を理由に充分な議論を尽くさないまま、国連や「人道的措置」の名を持ち出してまで、同法に対する国民の同意を得ようとした。国連の正確な対応には目を瞑り、御都合的にその権威を利用とするやり方は、今に始まったことではないが、国民を愚弄するのも甚だしい。

第二に、無限定な海外派兵法（＝〝自衛隊参戦法〟）としての性格を全面化していることである。限定的な派兵法と言える周辺事態法と比べても、その突出ぶりに驚かされる。なかでもテロへの「対応措置実施地域」として、第二条（基本原則）第３項に規定された「公海及びその上空」と「外国の領域」が注目点である。「対応措置地域」とは、非戦闘地域とする但し書きを施してはいる。しかし、これは非戦闘地域であれば、自衛隊を世界中のどこにでも派兵可能とする解釈を許すものである。しかも、ていねいなことに、「公海」＝海自、「上空」＝空自、「外国の領域」＝陸自と、三自衛隊が揃って派兵＝参戦可能な態勢を整える周到さである。

アメリカは「テロ支援国家」が世界中に存在するとしている。そうなるとテロの予兆ありとの恣意的な判断だけで、自衛隊はアメリカ軍などと共同して警戒対処行動の名で随時派兵態勢を敷けることになる。今回、同法と一緒に行われた自衛隊法の一部「改正」により、新たに「警護出動」（第九一条の2）という役割が自衛隊に与えられた。自衛隊は国の内外にわたり、その行動範囲を一気に拡大することになったのである。

国外にあって、戦闘地域と非戦闘地域の線引きは曖昧であり、また純軍事的に言っても同法が想定する「対応措置」自体が軍事行動に相当することは常識である。その点からしても、すでに「対応措置地域」の性質にかかわらず、第二条が規定するものは、政府・自衛隊側の意図に関係なく軍事行動そのものなのである。その点において、武力による解決を放棄した憲法第九条第一項に抵触することは明らかである。

第三には、以上の問題と深く関わるが、同法第三条（定義等）に規定された「諸外国の軍隊（注・実質的にはアメリカ軍を指すが）等に対する物品及び役務の提供その他の措置」を内容とする「協力支援活動」は、憲法で禁止されている集団的自衛権に完全に該当する内容である。

現実に戦闘行動に入っているアメリカ軍に対して想定される補給・輸送、修理・整備、医療、通信など物品・役務の提供は、明らかに日米の軍事共同作戦の一環として実施されるものである。しかも、ここでは自衛隊は武器・弾薬の輸送をも輸送項目に想定している。輸送の中身については、特段武器・弾薬の適用除外規定が設定されていない事実からすれば、軍事に不可欠な全ての物品が輸送の対象として規定されているのである。もちろん、物品の輸送など措置はアメリカ軍だけでなく、アメリカ以外の軍隊をも対象とすることを否定しておらず、これは正真正銘の集団的自衛権の発動を前提とした法律、文字どおりの有事法制としてある。

同法の危険性と違法性は、それだけに留まらない。他にも第四条（基本計画）は、同法の発動内容についての基本計画を閣議で決定し、国会への報告だけでその承認を求めることなく実施される仕組みとなっている。自衛隊のアメリカ軍支援や事実上の参戦が国民の耳目を塞いだままで強行される仕組みが出来上がったのである。これでは、自衛隊が内閣の判断だけで勝手に動く可能性を認めたわけで、文民統制（シビリアン・コントロール）の原則も空洞化の危険性が一挙に高まったと言わざるを得ない。また、国会や国民への不透明性を公然化する同法は、日本の外交・防衛政策に歯止めがかからなくなる恐れが現実問題となっていることを意味している。ここには、有事法制それ自体が持つ危険な特徴が顕著に見て取れるのである。

自衛隊法一部「改正」の意味

それで、自衛隊法の一部「改正」のうち、特に問題とすべき部分のみ要約しておきたい。

まず、長らく懸案とされてきた自衛隊法改正問題が、テロ事件を境にやや様相を異にしてきた。すなわち、政府は「テロ対処方針」（二〇〇一年九月一八日）において、国内の諸施設（1．国の防衛のための重要な施設＝米軍基地、2．国政にかかわる中枢機能が所在する施設＝国会議事堂や首相官邸など、3．侵害された場合に著しく公共の安全を害し、または民心に不安を生じさせる恐れのある施設＝原発や原発以外の発電所、ダム、石油化学コンビナートなど）を警備対象として、これに自衛隊を投入するための改正案づくりに着手することになり、その結果として自衛隊の任務のなかに、従来からの防衛・治安・災害の三種類の「出動」形態に加えて「警護出動」なる新たな任務を追加した。

「警護出動」という全く新たな任務を自衛隊に与えるにあたり、その理由としてテロ対策の一環というニュアンスを強調するが、実際には自衛隊を国内諸施設の警護を名目として平時から恒常的に展開配置しておく構想は、これまでの一連の有事法制のなかで検討されてきた課題であった。防衛・治安・災害という、いずれも有事＝非常時における自衛隊の出動形態から越えて、平時においても市民生活の場に自衛隊を随時展開しておき、諸施設の警護の目的と同時に、市民への恫喝や抑圧の道具として自衛隊の役割が期待されてきたのである。つまり、自衛隊の市民生活への浸透が本格化される契機ともなり得る法改正といえる。

また、自衛隊法第七九条（治安待機出動命令）に第二項（治安出動下令前に行う情報収集）が追加されることである。その内容は、武器を携行する自衛隊が「情報収集」の目的で「不法行為が行われることが予測される場合」を想定して事前に出動することを可能とさせる規定となっている。ここでの問題は、不法行為の認定が恣意的に行われることから、市民生活への監視や恫喝が「合法的」に強行される点である。例え、第二項の追加理由がゲリラによる核や生物兵器を使用した攻撃への事前対処にあるとしてでもである。

「不法行為が予測」されるだけで、警察ではなく武装自衛官が集会などの場に集まった市民を包囲・威嚇することさえ可能となる。例えば、反基地集会や反原発集会など、政府側が「不法行為」と事前に認定すれば、ただちに武装自衛官が出動し、集会自体の開催を阻止することも可能となるのである。かつての帝国軍隊が、米騒動（一九一八年）や関東大震災（一九二三年）のおりに、農民や市民に銃口を向け、弾圧を強行した歴史事例を想起せざるを得ないのである。

ここでの追加措置との関連で、自衛隊法第八一条（要請による治安出動）にも、第二項（自衛隊の施設等の警護出動）が追加されることになった。第八一条は都道府県知事が治安維持上重大な事態が発生すると予測された場合に、都道府県公安委員会との協議により内閣総理大臣に自衛隊の出動を要請することを規定したものだが、追加された第二項は、内閣総理大臣の判断で都道府県に所在する自衛隊基地や米軍基地の「警護出動」に自衛隊を自在に使用することが可能とした規定である。

それならば、第二項はどのような事態を想定しているのか。そこには、「内閣総理大臣は本邦内にある次に掲げる施設又は施設及び区域において、政治上その他の主義主張に基づき、国家若しくは他人にこれを強要し、又は社会に不安若しくは恐怖を与える目的で多数の人を殺傷し、又は重要な施設その他の物を破壊する行為が行われるおそれがあり、かつ、その被害を防止するため特別の必要があると認める場合には、当該施設又は施設及び区域の警護のため部隊等の出動を命ずることができる」と記している。

要するに、自衛隊基地や米軍基地を含め、都道府県内の諸施設の警護については、従来、都道府県の首長たる知事および同公安委員会の管轄であった警備命令権が、内閣総理大臣の権限である「警護出動」命令権の下位に置かれることを意味すると解釈できる。しかも、首長はこの「警護出動」への拒否権を与えられていない。ただ、「事情聴取」されるに過ぎないのである。これは、基地警護を名目にして自衛隊が警察に変わって状況によっては警備の全面に出ることを可能にさせた規定であり、しかも「政治上その他の主義主張に基づき、国家若しくは他人にこれを強要し」とする文言は、明らかに反基地運動・反戦運動への恫喝としての規定である。

ここでは国家や政府に対する当然の権限としての政治的発言や運動を行う市民的自由を侵そうとする極めて危険な権威主義の論理が脈打っていると捉えざるを得ない。国家や政府への抵抗をテロの脅威と関連させて抑圧しようとする論理は、文字どおり有事の論理として、最終的には人権抑圧の政治システムを用意することになる。

最後に、「防衛秘密」の問題にも触れておかなくてはならない。第九六条（部内の秩序維持に専従する者の権限）に第二項（防衛秘密）を追加することになったが、その冒頭には、防衛庁長官が「公になっていないもののうち、我が国の防衛上特に秘匿することが必要であるものを防衛秘密として指定するものとする」とある。この場合「公になっていないもの」とは、以下の一〇項目とする別表を掲げている。それは、以下のものである。

一　自衛隊の運用又はこれに関する見積もり若しくは計画若しくは研究
二　防衛に関し収集した電波情報、画像情報その他の重要な情報
三　前後に掲げる情報の整理又はその能力
四　防衛力の整備に関する見積もり若しくは計画又は研究
五　武器、弾薬、航空機その他の防衛の用に供する物（船舶を含む。第八号及び第九号において同じ。）の種類又は数量
六　防衛の用に供する通信網の構成又は通信の方法
七　防衛の用に供する暗号
八　武器、弾薬、航空機その他の防衛の用に供する物又はこれらの物の研究開発段階のものの仕様、性能又は使用方法
九　武器、弾薬、航空機その他の防衛の用に供する物又はこれらの物の研究開発段階のものの政策、検査、修理又は試験の方法
十　防衛の用に供する施設の設計、性能又は内部の用途（第六号に掲げるものを除く。）

既に多くの指摘がなされているように、以上に挙げた項目は従来から秘匿の対象とされてきたものであり、問題はこれをあらためて「防衛秘密」として指定したことの意味である。周知のように、それまでの自衛隊法により「機密」「極秘」「秘」に指定分けされた「防衛庁秘」は、約一三万五〇〇〇件に上るとされてきた。それの「防衛庁秘」が、訓令を根拠とする「守秘義務」の対象とされ

てきた。それが今回は法律に基づき「防衛秘密」に格上げされ、しかも何が「防衛秘密」に該当するかは防衛庁長官が随意に判断し、指定することになった。

同条第二項の4に記された「保護上必要な措置を講ずる」権限とは、要するに、あらゆる防衛情報を市民の目から覆い隠すことで、防衛問題（軍事問題）への自由な議論を事前に阻もうとする意図が明白である。そのために罰則規定第一二二条が用意されたのである。

そこでは防衛情報に接触する機会のある者（防衛庁・自衛隊関係者、国家公務員、防衛産業従事者等）がその対象である。そして、「防衛秘密」の漏洩者に対し、「五年以下の懲役に処する。防衛秘密を取り扱うことを業務としなくなった後においても、同様とする」（第一二二条）との規定を設けている。因みに、従来の罰則規定で言えば、第五九条（秘密を守る義務）があり、それとの関連で第一一八条では「一年以下の懲役又は三万円以下の罰金」と規定している。明らかに罰則内容が重くなっているのである。

既に本書の第二章において、戦前の国家秘密法制について論述し、また戦後においても一九八五年に国会に上程された「スパイ防止法案」について触れたが、今回の「防衛秘密」指定の問題は、戦前の軍機保護法や廃案になった「スパイ防止法案」の復活を想定したものと指摘しておきたい。つまり、軍事秘密や防衛秘密を口実にして、軍事・防衛問題への関心を抑制し、国民の知る権利を蹂躙しかねない法規として、本格的な「国家秘密法」の露払い的な役割さえ担いかねない内容を秘めたものとしてある。

第二項の追加措置は、政府が従来から強い関心を示してきた情報操作あるいは情報統制の一環としてあることに間違いなく、それは二〇〇一年三月に国会に提出された個人情報保護法案にも通底している。これまた極めて危険な内容を秘めた事実上の「メディア規制法」としてあり、そこには「①利用目的をできるだけ特定する　②事前に本人の同意を得る　③不正な手段で取得しない　④個人情報を取得した場合、速やかに利用目的を通知するか公表する　⑤事前に本人の同意を得ないままデータを第三者に提供しない　⑥本人からのデータの開示を求められたときは遅滞なく開示する」とした主な義務規定を設けている（『朝日新聞』二〇〇一年一〇月三〇日付）。

「個人情報保護」の名で形式的には個人の人権保護や人権を侵しかねない報道へのチェック機能を発揮するかの装いを凝らしてはいるが、実際には政府関係者らの公人の動きなどを「個人情報保護」の名によって客観報道の対象から逃れさせることを目的としている点では、これも明らかな情報統制法の一種と言える。その意味で、現在、幾重にも情報統制・情報管理の法制が文字どおり有事法制の主要な一環として各方面から構築されているのである。本書で指摘したように、軍事秘密を法律によって一方的に保護しようとすれば、必ず外交秘密保護や「収集・探知罪」が適用されることになる。そのことは、かつての軍機保護法や国防保安法などの例によっても明らかであろう。

海上保安庁法「改正」の狙い

テロ対策関連三法のうち、比較的論議の的にならなかった海上保安庁法の一部「改正」についても触れておきたい。今回の「改正」の目的は、海上保安庁の〝軍隊化〟、あるいは〝第二海上自衛隊化〟にあると指摘できる。海上保安庁は、水上警察との連繋を前提としつつ行われる沿岸警備が主たる役割であり、言うまでもなくその警備範囲は領海内に限定され、同時に武装も警告以上の能力を保持しないことになっている。

海上保安庁法第二五条には、「この法律のいかなる規定も海上保安庁又はその職員が軍隊として組織され、訓練され、又は軍隊の機能を営むことを認めるものとこれを解釈してはならない」と規定されているのである。ところが、今回の一部改正では、第二〇条に以下のような第二項が加えられた。

すなわち、「……船舶の進行の停止を繰り返し命じても乗組員などがこれに応ぜずなお海上保安官又は海上保安官補の職務施行に対して抵抗し、又は逃亡しようとする場合において、海上保安庁長官が当該船舶の外観、航海の態様、乗組員等の異常な挙動その他周囲の事情及びこれらに関連する情報から合理的に判断して次ぎの各号のすべてに該当する事態であると認めたときは、海上保安官又は海上保安官補は、当該船舶の進行を停止させるために他に手段がないと信ずるに足りる相当な理由のあるときには、その事態に応じ合理的に必要と判断される限度において、武器を使用することができる」（傍点引用者）とする内容である。

海上保安庁は、一九九九年三月四日に起きた、所謂「不審船」騒ぎ（防衛庁・自衛隊は「不審船事案」と呼ぶ）以来、そこで始めて発動された「海上警備行動」を契機として、自動追尾方式を採用した二〇ミリ機関砲搭載の高速警備船三隻の配備など装備の軍隊化を着々と進めている。既に実態としては海上保安庁の〝軍隊化〟が進行しており、ここに来て一気にそうした実態を法改正によっても追認する手続が採られたのである。

それでは「各号のすべてに該当する事態」とは何かについて以下に書き出しておく。

一　当該船舶が、外国船舶と思料される船舶であつて、かつ、海洋法に関する国際連合条約第一九条に定めるところによる無害通航でない航行を我が国の内水又は領海において現に行っていると認められること。

二　当該航行を放置すればこれが将来において繰り返し行われる蓋然性があると認められること。

三　当該航行が我が国の領域内において死刑又は無期若しくは長期三年以上の懲役若しくは禁錮に当たる凶悪な罪を犯すに必要な準備のため行われているのではないかとの疑いを払拭することができないと認められること。

四　当該船舶の進行を停止させて立入検査をすることにより知り得べき情報に基づいて適格な措置を尽くすのでなければ将来における重大凶悪犯罪の発生を未然に防止することができないと認められること。

ここでの「事態」の概要の不透明性は言うまでもないであろう。一体その「事態」の危険性を海上保安庁長官が自らの判断で確定可能なのかという問題も大きいが、例えそれが何らかの危険性を伴ったと仮定しても、その危険性なるものに直ちに重武装を施した艦艇で対応するのは明らかな過剰警備である。

問題はその過剰警備という点に留まらない。問題は、海上保安庁が既に文字どおりのコースト・ネービーとして第二海上自衛隊化して、領海内域の防衛にその行動内容を拡大し、その一方で外洋艦隊化著しい海上自衛隊の役割を分担しようとする方向性が明確に打ち出されている点である。端的に言えば、日本は二種類の「海上自衛隊」を保有する海軍国家への道を歩もうとしていると見ておいて間違いない。

これに関連して、二〇〇一年一二月二二日、鹿児島県奄美大島沖で発見された不審船に対する海上保安庁の巡視船「いなさ」による威嚇射撃と、それに続く船体射撃によって不審船を沈没に追いやる事件が発生した。先に挙げた法改正による第二〇条第二項が早速適用された形になったが、そこには重大な問題を残すことになった。

すなわち同項は、あくまで日本の領海内における射撃に関して、刑事責任が問われない規定であったが、今回の事件は海上保安庁も日本政府も認めているように公海上で強行された射撃と撃沈事件であった。公海上で射撃が許容されるのは、明らかな正当防衛か緊急避難的措置として認められる場合においてだけであり、危害射撃は刑事事件に該当する可能性が高い。不審船がロケット弾を発射したのは、「いなさ」による船体射撃後であって、正当防衛論で正当化しようとするのは無理がある。

真相究明が待たれるところだが、今回の事件によって明らかなことは、事態はすでに「改正」された第二項の規定を踏み越えてしまったことである。つまり、同項を領海だけでなく公海においても結果的には既成事実化する方向に突き進んでしまったと言える。

小泉純一郎首相は、同月二八日に有事法制に関する基本的な考え方を明らかにしたおり、「有事は戦争だけじゃない。テロもある。不審船もある。拉致問題もある。日本人の想像を超える意図と能力で、危害を及ぼそうという勢力がいる。そのための態勢をどうしていくかということだ」（『朝日新聞』二〇〇一年一二月二九日付・朝刊）と記者団に語っている。要するに、同時多発テロ事件に続く今回の不審船事件をも再び奇貨として、あらゆる「有事」に対応可能な「包括的」有事法制の早期実現が焦眉の課題であることを言明したのである。

どのような経緯であれ、また、その正体と目的が何であったにせよ、公海上で結果として不審船を沈没させ、加えて乗員を死に追いやった今回の海上保安庁の措置は前回の不審船事件と同様に過剰防衛あるいは過剰攻撃の性格が強く、その正当性と対応の是非については議論されてしかるべきであろう。

しかしながら、政府の反応は一貫して正当防衛論に終始し、公海上における危害射撃の問題性については全く語ろうとしない。そこにはアジア地域における交流促進による相互信頼の醸成と、その成果としての緊張緩和の実現という方向性への踏み出しが全く無視され、有事対応に名を借りた露骨な軍事主義が、国民の危機意識を煽りつつ実践化されようとしていると見るしかないのである。

こうした方向性が、あらゆる機会に設定されていき、その集積として有事法制が構築されていくのである。従って、海上保安庁法の「改正」も、この点で新たな有事法制づくりの一環として捉えておきたい。

次々とC－1、C－130輸送機からパラシュート降下し、敵陣奥深くに急襲作戦を展開する陸上自衛隊最強の第一空挺団。二〇〇二年一月一三日習志野演習場にて。（撮影・山本英夫）

おわりに

戦前戦後有事法制の同質性と相違性

以上、危機管理論・有事法制の諸特徴を追ってきたが、そこで取りあえず結論づけられることは、第一に戦前戦後を通して同質の内容と構造を持った危機管理体制や有事法制の整備が進められていること、第二に、その意味からすれば緊急権国家であった明治国家の国家構造が今日再生され、現代版緊急権国家とも言うべく「平成国家」の本質が全貌を現し始めたことである。

国歌・国旗法、通信傍受法（盗聴法）、住民基本台帳法、地方分権一括法など、緊急権国家（戦争国家）に適合的な〈国民〉の創造と管理・抑圧の法体系をバックにしながら、一連の危機管理策や有事法制によって確実に戦争遂行可能な国家が、高度行政国家としてフル稼働を始めているのである。

「同時多発テロ事件」を奇貨として一段と拍車がかかった危機管理体制や有事法制の整備への動きは、有事体制の最高度の形態としての戒厳体制の構築から防諜法など危機予防措置へ、さらに平時からの戦時対処法の整備や行政の軍事化など、いわば危機への能動的対処まで極めて広範多義な選択肢をもって完成形態に近づきつつある。

この点に関連して有事法制の現段階を「国家緊急権」をキーワードにして言えば、現在構想されている国家緊急権が実定法の領域外にも跨る可能性や、それが憲法上制度化された場合でも常に法律を越えた領域（非法の領域）において展開されようとしていることである。まさに、「法を破る政治の力」として憲法秩序を破壊する機能を孕んだ権力として登場する可能性が高い、ということである。

有事法制とは、間違いなく既存の憲法体制を根底から覆すものなのである。そこでは、既存の法秩序に替わる新たな政治秩序が創出され、民主主義の制度的表現としての議会を空洞化し、内閣行政権力の絶対性が限りなく正統性を獲得していく過程として立ち現れるはずである。この点において、極めて危険な立法行為であり、政治判断と指摘できよう。そのような視点から、なぜいま有事法制かを歴史過程を検証していくことが求められているのである。

明治国家は、天皇を核とする絶対主義を統治の原理とする権威主義的国家であった。その国家を守護する手段として天皇の非常大権を最高度の緊急権とした緊急権システムが用意された。明治国家は、軍隊と警察という国家の暴力装置によって物理的に支えられる構造を特色とした。つまり、戦前期日本の緊急権システムは、最終的には天皇の権威によって正当化され、起動する仕組みとなっていたのである。そこにおいて、天皇の非常大権に代替する国家総動員法をも含め、明治国家の緊急権システムは、最後的に天皇制を護持するために様々な法制度を用意していくことになった。

天皇大権である第三一条の非常大権がありながら、明治憲法の立憲主義的性格をも削ぎ落としてまで国家総動員法により内閣行政権に絶大な緊急権を付与するに至ったかについては、今後のさらなる歴史研究の課題でもある。ただ、歴史の事実から見れば、戦前期の有事法制の集大成ともいうべき同法によって、例え上から付与された制限つきであったにせよ、非常大権においてすら留保されていた「臣民の権利義務」が完全に剥奪状態に置かれたこと、そして、立憲主義を制度的に担保する議会の役割を徹底して空洞化したことは間違いないことであった。

そこでは非常事態の平時化・常態化とも言える政治体制が構築され、そうした体質を持つ政治体制を維持するために絶え間なく危機的状況が意図的に画策され、それによって非常事態にさらなる理由づけが施され、これに対処するにさらに強度の有事法＝緊急事態法を用意するという悪循環の呪縛に囚われていたのである。それが、国家総動員法の制定前後期から敗戦に至るまで、特に顕著であったことは歴史が証明するところである。

有事法制は本当に必要か

それで、ここであらためて原点に立ち返って考えておくべきは、果たして有事法制の整備が既存の近代国家を構成するに不可欠な法制度なのか、という問題である。今日、我が国においても有事法制論議が活発であり、また重要政策としても昨今の内閣がその整備への関心を強めている。

繰り返すことになるが、現行憲法には国家緊急権システムを容認する一切の規定がない。それが、近代国家にとって不都合とする法整備推進者の主なる制定促進理由となってきた。有事法制の整備をただちに「反動化」政策と断じるだけでなく、それこそが現行憲法の基本原理を真っ向から否定する主要な政治戦略であり、現行憲法体制下で一貫して整備の目標にされてきた点を批判の俎上に挙げなければならない。

安全な市民社会を構築するには、様々の手立てが不可欠であるとことは言うまでもないが、それはあくまで市民の人権を保障するなかで整備すべきものであり、軍隊や警察の全面展開が所与の前提となって起動するもであってはならないのである。

さらに言えば、戦前期のように行政部（内閣）と軍部が統制する非常事態法＝緊急権体制であってはならないこと、天皇制イデオロギーが貫徹された非常事態法＝緊急権体制であってはならないことである。ここから現行憲法においては、戦前期日本の天皇制支配体制の克服と軍国主義の復活を徹底して阻止し、平和社会の構築と人権の保障・擁護を原理とするために、戦前的な意味における国家緊急権制度＝有事法制の整備には意を用いないことを決意したはずである。

同時的に第九条における交戦権放棄と戦力不保持の規定は、最初から国家緊急権を完全否定したものとしてあった。従って、国家緊急権の制定を志向すること自体が現行憲法の原理を否定することに直結するのであり、戦前期軍国主義の歴史過程を容認することを意味する。それは、国家緊急権の不在性こそが平和実現の方途だとする歴史的教訓を反故にするものである。その意味でも有事法制は重大な憲法違反である。その点からしても、今日における最大の有事法制である日米安保条約は、間違いなく憲法違反なのである。

このように戦後日本の有事法制の特質は、その内容性よりも、有事法制の研究や策定をめぐる環境そのものが、諸外国と比較しても著しく異なることである。従って、有事法制を検討する場合、何よりも戦後日本の憲法を基本的枠組みとする安全保障問題のあり方への視点を明確にすることが重要な課題となる。

また、最後に付記しておくならば、有事法制＝非常時法制のあり方をめぐり、アメリカ連邦議会が一九七三年一一月七日に戦争権限法（War Powers Resolution）を、そして、一九七六年九月一四日には国家緊急事態法（National Emergencies Act）を成立させた。これは拡大の一途を辿る大統領の権限をチェックするために連邦議会が一定の役割を果たし、議会の統制下に有事＝非常事態への対応措置を講じようとしたものであった。

この解釈をめぐり活発な議論が展開されている。これら二つの法は表裏一体の関係にあり、アメリカにおいては、国家緊急事態＝非常事態に対し明確な制度的措置を確立することが、大統領および連邦議会の合意事項となっているのである。要するに、従来のように大統領の絶大な権限だけに依拠するだけでなく、いわば国家総動員型の有事体制への再構築が設定されていると見るべきであろう。

こうしたアメリカ型の有事体制と連動していく必然性を痛感している日本の有事法制推進者にすれば、第一の要件として何よりも内閣機能の強化が不可欠であり、その強力な内閣主導下に平時から戦争指導体制あるいは危機管理体制の構築が念頭に据えられているのである。それで、私たちは今日的状況を見据えるなかで、そのような危険な有事体制づくりが招く様々な弊害を繰り返し指摘していく必要がますます重要になっているのである。

とりわけ、最近におけるテロ対策関連三法の成立経緯と内容からして、一連の有事法制が日本軍隊（自衛隊）の海外派兵＝参戦体制を恒常化させる側面と、それ以上に私たちの市民的自由を奪い、基本的人権を侵害することを全く辞さない法律である点とに注意を向けなければならない。

そのような有事法制が、アメリカを筆頭とするグローバルな展開な流れの中で構築されつつある現実を私たちは目前にしている。私は、そのような流れをグローバル・ミリタリズムからグローバル・ファシズムへの推展とする捉え方をしている（『インパクション』第一二七号・二〇〇一年一〇月号を参照されたい）が、いずれにせよ私たちは、反戦平和の声に反グローバルの言葉をも含まざるを得なくなっている。この国の戦前戦後を貫く有事法制の史的検証を行うことの意味は、その意味でも切実な課題となっているように思われてならない。

参考文献

【参考資料】

・陸軍省『密大日記』（一九二六年・第一冊、防衛庁防衛研究所戦史部図書館蔵）
・陸軍省『甲輯　第四類　永存書類』（一九二八年、同右）
・陸軍省『密大日記　甲輯　永存書類』（一九三七年・甲第四類第一冊、同右）
『本邦ニ於ケル防諜関係雑件』（一九三七年八月、外務省外交史料館蔵）
『公文雑纂』（一九三六年、国立公文書館蔵）
「防諜例規」『返還文書』（一九三七年、同右）
「国防保安法送致簿」（同右、一九四一年）
「国民義勇隊関係書類」（同右、一九四五年）
『公文類聚』（第六五編第八巻、一九四一年、国立公文書館蔵）
『公文雑纂』（大政翼賛会四・巻九、一九四三年、同右）
・司法省刑事局編『思想月報』（復刻版、第九三、文生書院、一九四二年）
・陸上自衛隊幕僚部管理部法規班編「旧国防諸法令の検討、その基本法令」（一九五四年一一月）
・防衛庁防衛研修所「列国憲法と軍事条項」（一九五六年）
・陸上自衛隊幕僚部第三部「関東大震災から得た教訓」（一九六〇年）

・同右法務課「国家緊急権」（一九六四年）
・『戦前の情報機構要覧―情報委員会から情報局まで』（一九六四年）
・内閣調査室「一九七〇年の対策とその展望」（一九六九年一月）
・自民党安保調査会報告書「我が国の安全保障政策」（一九七三年七月）
・思想研究史料特輯38『軍機保護法に関する議事速記録並委員会議録』（一九七四年）
・『62国防保安法』内田芳美編『現代史資料41　マス・メディア統制（二）』（みすず書房、一九七五年）
・石川準吉編『国家総動員史　資料編第五』（国家総動員史刊行会、一九八七年）
・社会問題資料研究会編『国防保安法に関する議事速記録並委員会議録（上）』（一九七八年）
・特別高等警察課「昭和一七年七月　事務引継書類」（沖縄県沖縄史料編集所編『沖縄県史料　近代Ⅰ』一九七八年）
・内務省警保局『外事警察概況』（復刻版、龍渓書舎、一九八〇年）
・陸軍大学『統帥綱領・統帥参考』（復刻版、田中書店、一九八二年）
・「129国内戦防諜強化要綱」『資料日本現代史12　大政翼賛会』（大月書店、一九八四年）
・『戦時・軍事法令集』（国書刊行会、一九八四年）
・横浜弁護士会編『資料　国家秘密法』（花伝社、一九八七年）
・松尾高志編『平和資料　日米新ガイドラインと戦前「有事法制」』（第Ⅰ～Ⅴ巻、巻の人、一九九八年）

【参考文献】

・岩倉公旧蹟保存会編『岩倉公実記』（下巻、原書房、一九二七年刊）
・徳富猪一郎『公爵山県有朋伝』（下巻、原書房〔復刻版〕、一九六六年）

・鶴見祐輔編『後藤新平伝』（国民指導者時代・前期上、勁草書房、一九六七年）
・美濃部達吉『逐条　憲法精義』（有斐閣、一九三〇年）
・三浦恵一『戒厳令詳論』（松山房、一九三二年）
・日高巳雄『軍機保護法』（羽田書店、一九三七年）
・同右『軍用資源保護法法』（羽田書店、一九四〇年）
・田上穣治『軍事行政法』（日本評論社、一九四〇年）
・大竹武七郎『国防保安法』（羽田書店、一九四一年）
・日高巳雄『戒厳令解説』（良栄堂、一九四二年）
・佐々木重蔵『日本軍事法制要綱』（厳松堂書店、一九四三年）
・柏木千秋『国防保安法論』（日本評論社、一九四四年）
・藤田嗣雄『軍隊と自由』（河出書房、一九五三年）
・景山日出爾『憲法の原理と国家の論理』（勁草書房、一九七一年）
・古川経夫／小田中聡樹『治安と人権』（法律文化社、一九七一年）
・藤井治夫『日本の国家機密』（現代評論社、一九七二年）
・同右『自衛隊と治安出動』（三一書房、一九七三年）
・同上『自衛隊クーデタ戦略』（同右、一九七三年）
・オリエント書房編集部編『自衛隊戦わば―防衛出動』（オリエント書房、一九七六年）
・同右『日本の防衛戦略―自衛隊の有事対策』（同右、一九七七年）
・海原治『日本防衛体制の内幕』（時事通信社、一九七七年）
・林茂夫編『国家緊急権の研究』（晩聲社、一九七八年）

・西修『自衛隊と憲法第九条』(教育社、一九七八年)
・宮崎弘毅『日本の防衛機構』(教育社、一九七九年)
・山田康夫『民間防衛』(教育社、一九七九年)
・海原治『討論・自衛隊は役に立つか』(ビジネス社、一九八一年)
・小谷豪治郎『有事立法と日本の防衛』(嵯峨書院、一九八一年)
・小林直樹『国家緊急権』(学陽書房、一九七九年)
・和田英夫『国家権力と人権』(三省堂、一九七九年)
・林茂夫『全文・三矢作戦研究』(晩聲社、一九七九年)
・纐纈厚『総力戦体制研究』(三一書房、一九八一年)
・小谷豪治郎『有事立法と日本の防衛』(嵯峨野書院、一九八一年)
・藤原彰『戦後史と日本軍国主義』(新日本出版社、一九八二年)
・小林直樹『憲法第九条』(岩波書店、一九八二年)
・大嶽秀夫『日本の防衛と国内政治』(三一書房、一九八三年)
・中山研一/斎藤豊治『総批判　国家機密法』(法律文化社、一九八五年)
・藤原彰/雨宮昭一編『現代史と「国家秘密法」』(未来社、一九八五年)
・上田誠吉『戦争と国家秘密法』(イクオリティ社、一九八六年)
・同右『核時代の国家秘密法』(大月書店、一九八六年)
・上田誠吉/坂本修編『国家機密法のすべて』(大月書店、一九八六年)
・神奈川新聞社編『「言論」が危ない』(日本評論社、一九八七年)
・奥平康弘他『国家秘密法は何を狙うか』(高文研、一九八七年)

・上田誠吉『ある北大生の受難』（朝日新聞社、一九八七年）
・藤原彰編『沖縄戦―国土が戦場となったとき』（青木書店、一九八七年）
・上田誠吉『人間の絆を求めて』（花伝社、一九八八年）
・萩野富士夫『特高警察体制史』（せきた書房、一九八四年）
・赤澤史郎『近代日本の思想動員と宗教統制』（校倉書房、一九八五年）
・斎藤豊治『国家秘密法制の研究』（日本評論社、一九八七年）
・長浜功『国民精神総動員の思想と構造』（明石書店、一九八七年）
・藤原彰編『沖縄戦と天皇制』（立風書房、一九八七年）
・浜谷英博『米国戦争権限法の研究』（成文堂、一九九〇年）
・纐纈厚『防諜政策と民衆』（昭和出版、一九九一年）
・水島朝穂『現代軍事法制の研究』（日本評論社、一九九五年）
・読売新聞安保研究会編『日本は安全か―極東有事を検証する』（廣済堂出版、一九九七年）
・田村重信『日米安保と極東有事』（南窓社、一九九七年）
・森英樹他編『グローバル安保体制が動き出す』（日本評論社、一九九八年）
・纐纈厚『検証・新ガイドライン安保体制』（インパクト出版会、一九九八年）
・社会批評社編『最新　有事法制情報』（社会批評社、一九九八年）
・山内敏弘編『日米新ガイドラインと周辺事態法』（法律文化社、一九九九年）
・纐纈厚『周辺事態法―新たな地域総動員・有事法制の時代』（社会評論社、二〇〇〇年）
・池田五律『海外派兵』（創史社、二〇〇一年）

【参考論文・記事】

・長浜彰「軍機保護と軍人の言動」（『偕行社記事』第一三号、一九三六年七月）
・清水中佐「思想戦機関としての情報委員会」（『偕行社記事』第一六号、一九三六年一〇月）
・陸軍省新聞班・海軍省海軍軍事普及部「軍機保護法の必要性」（『週報』第四〇号、一九三七年七月二一日）
・佐藤藤佐「改正軍機保護法について」（『警察研究』第八巻第九号、一九三七年九月）
・真佐世士「国民防諜の強化」（『憲友』第三一巻第一一号、一九三七年一一月）
・角田忠七郎「軍機保護法と未遂犯」（同右、第三一巻第一二号、一九三七年一二月）
・西村直巳「国民精神総動員の新展開について」（『偕行社記事』第七七六号、一九三九年）
・内務省「警防団とは」（『週報』第一二四号、一九三九年三月一日）
・内務省警保局「国防保安法に就いて」（内務省『厚生時報』第六巻第三号、一九四一年）
・「国防保安法の意義」（『改造』一九四一年三月号）
・牧野英一「国防保安法案」（『警察研究』第一二巻第三号、一九四一年三月五日）
・同右「非常時立法としての刑罰法規の強化」（『法律時報』一三巻第三号、一九四一年三月）
・大竹武七郎「国防保安法の必要生とその特質」（『警察研究』第一二巻第四号、一九四一年四月）
・団藤重光「国防保安法の若干の検討」（『法律時報』第一三巻第五号、一九四一年五月）
・「特輯　秘密戦と防諜」（『週報』第二四〇号、一九四一年五月一四日号）
・「特輯　大東亜戦争下の防諜」（同右、第三〇一号、一九四二年七月一五日号）
・田中覚次郎「思想謀略と国民防諜」（『文藝春秋』一九四二年七月）
・伊達秋男「軍機保護法の運用を顧みて」（『ジュリスト』一九五四年六月一日号）

・宮内裕「秘密保護法の問題点」(『世界』第一〇四号、一九五四年)
・戒能通孝「戦前における治安立法体系」(『法律時報』臨時増刊、一九五八年一二月)
・久保田きぬ子「アメリカにおける大統領の非常事態権限について」(『国家学会雑誌』第七三巻第四号、一九五九年)
・畑博行「米国憲法第二条と大統領の緊急措置権」(『政経論叢』第一〇巻第四号、一九六一年)
・横田耕一「緊急事態とアメリカ大統領」(『社会科学論集』第九集、一九六九年)
・山田康夫「国家緊急権の史的考察」(『防衛論集』第八刊第三号、一九六九年)
・西修「各国憲法にみる非常事態対処規定(一)—非常事態宣言、非常措置権、緊急命令を中心として」(『防衛大学紀要　人文社会科学編』第二五輯、一九七四年)
・同右「各国憲法にみる非常事態対処規定(二)—戒厳を中心として」(同、第二八輯・一九七四年)
・秋元律郎「戦時下の都市における町内会・隣組組織」(早稲田大学社会科学研究所ファシズム研究部会編『日本ファシズムII』早稲田大学出版部、一九七四年)
・江橋崇「しのびよる緊急事態法制」(『別冊経済評論　裁かれる日本』経済評論社、一九七二年)
・古川純「自衛隊と非常事態」(護憲連合編『平和と民主主義』第二三一号、一九七五年)
・藤井治夫「恐怖の非常事態」(軍事問題研究会編『有事立法が狙うもの』三一書房、一九七八年)
・古川純「自衛隊と緊急事態」(同右)
・山内敏弘「西ドイツの国家緊急権」(『ジュリスト』第七〇一号、一九七九年)
・百地章「国家緊急権」(『ジュリスト増刊　憲法の争点〔法律学の争点シリーズ2〕』有斐閣、一九八〇年)
・纐纈厚「戦前期秘密保護法の運用実態」(軍事問題研究会発行『軍事民論』第四三号、一九八六年一月)
・永井和「人員統計を通じてみた明治期日本陸軍(1)」(富山大学『教養部紀要〔人文・社会科学篇〕』第一

八巻二号、一九八六年二月）
・玉木真哲「〈スパイ防止法〉とその土壌」（『新沖縄文学』第六九号、一九八六年）
・古川純「安全保障会議の設置と国家緊急権確立の方向」（『ジュリスト』第八五六号、一九八六年七月）
・山内敏弘「有事法制研究史三十年」（『軍事民論』特集第二四号、一九八一年八月）
・小田中聰樹「国防保安法の制定過程」（望月礼次郎他編『法と法過程』創文社、一九八六年）
・林茂夫「日米共同作戦と有事立法」（『法学セミナー増刊　総合特集シリーズ38　これからの日米安保』日本評論社、一九八七年一一月）
・玉木真哲「戦時沖縄の防諜について」（『沖縄文化研究』第一三号、一九八七年）
・同右「戦時防諜のかなた」（地方史研究協議会編『琉球・沖縄』一九八七年）
・同右「日本軍のスパイ像の一端について」（『史海』第四号、一九八七年五月）
・長井純市「防共と防諜―防共並防諜事務連絡会議」（『史学雑誌』第九七編第九号、一九八八年九月）
・浦田一郎「緊急権の根拠と執行権の観念―フランス第三共和制下の学説を中心に」（杉原泰雄他編『平和と国際協調の憲法学』勁草書房、一九九〇年）
・水島朝穂「有事立法の憲法状況」（破防法研究会編刊『「周辺事態」と有事立法』一九九八年）
・纐纈厚「明治緊急権国家と統帥権独立制」（明治大学政治経済研究所『政經論叢』第六八巻第二・三号、一九九九年一二月）
・同右「戦前・戦後有事法制の展開と構造」（『年報　日本現代史』第六巻、二〇〇〇年五月）
・「特集　諸外国の緊急事態法制」（防衛法学会編『防衛法研究』第二四号、二〇〇〇年一〇月）

資料篇

【資料1】「戒厳令」（一八八二年八月五日・太政官布告第三六号）

第一条　戒厳令は戦時若くは事変に際し兵備を以て全国若くは一地方を警戒するの法とす

第二条　戒厳は臨戦地境と合囲地境との二種に分つ　第一　臨戦地境は戦時若くは事変に際し警戒す可き地方を区画して臨戦の区域と為す者なり　第二　合囲地境は敵の合囲若くは攻撃其他の事変に際し警戒す可き地方を区画して合囲の区域と為す者なり

第三条　戒厳は時機に応し其要す可き地境を区画して之を布告す〔中略〕

第九条　臨戦地境内に於ては地方行政事務及ひ司法事務の軍事に関係ある事件を限り其地の司令官に管掌の権を委する者とす故に地方官地方裁判官及ひ検察官は其戒厳の布告若くは宣告ある時は速かに該司令官に就て其指揮を請う可し

第十条　合囲地境内に於いては地方行政事務及ひ司法事務は其地の司令官に管掌の権を要する者とす故に地方官地方裁判官及ひ検察官は其戒厳の布告若くは宣告ある時は速かに該司令官に就て其指揮を請う可し

第十一条　合囲地境内に於ては軍事に係る民事及ひ左に開列する犯罪に係る者は総て軍衙に於て裁判す

【資料2】「国家総動員法」（一九三八年三月三一日公布　一九四五年一二月二〇日廃止）

第一条　本法に於て国家総動員とは戦時（戦争に準ずべき事変の場合を含む　以下之に同じ）に際し国防目

的達成の為国の全力を最も有効に発揮せしむる様人的及物的資源を統制運用するを謂ふ〔中略〕
第四条　政府は戦時に際し国家総動員上必要あるときは勅令の定むる所に依り帝国臣民を徴用して総動員業務に従事せしむることを得　但し兵役法の適用を妨げず
第五条　政府は戦時に際し国家総動員上必要あるときは勅令の定むる所に依り帝国臣民および帝国法人其の他の団体をして国、地方公共団体又は政府の指定する者の行ふ総動員業務に付協力せしむることを得
第六条　政府は戦時に際し国家総動員上必要あるときは勅令の定むる所に依り従業者の使用、雇入れ若は解雇又は賃金其の他の労働条件に付必要なる命令を為すことを得
第七条　政府は戦時に際し国家総動員上必要あるときは勅令の定むる所に依り労働争議の予防若は解決に関し必要なる命令を為し又は作業所の閉鎖、作業若は労務の中止其の他の労働争議に関する行為の制限若は禁止を為すことを得
第八条　政府は戦時に際し国家総動員上必要あるときは勅令の定むる所に依り総動員物資の生産、修理、配給、譲渡其の他の処分、使用、消費、所持および移動に関し必要なる命令を為すことを得
第九条　政府は戦時に際し国家総動員上必要あるときは勅令の定むる所に依り輸出若は輸入の制限若は禁止を為し、輸出若は輸入を命じ、輸出税若は輸入税を課し又は輸出税若は輸入を増加若は減免することを得
第十条　政府は戦時に際し国家総動員上必要あるときは勅令の定むる所に依り総動員物資を使用又は収用し又は総動員業務を行ふ者をして之を使用若は収用せしむることを得
第十一条　政府は戦時に際し国家総動員上必要あるときは勅令の定むる所に依り会社の設立、資本の増加、合併、目的変更、社債の募集若は第二回以後の株金の払込みに付制限若は禁止を為し、会社の利益金の処分、償却其の他経理に関し必要なる命令を為し又は銀行、信託会社、保険会社其の他勅令をもって指定する者に対し資金の運用に関し必要なる命令を為すことを得〔中略〕

第十三条　政府は戦時に際し国家総動員上必要あるときは勅令の定むる所に依り総動員業務たる事業に属する工場、事業場、船舶其の他の施設又は転用することを得る施設の全部又は一部管理、使用又は収用することを得政府は前項に掲ぐるものを使用又は収用する場合に於て勅令の定むる所に依りその従業者を供用せしめ又は当該施設に於て現に実施する特許発明若は登録実用新案を実施することを得政府は戦時に際し国家総動員上必要あるときは勅令の定むる所に依り総動員業に必要なる土地又は家屋其の他の工作物を管理、使用又は収用することを得［後略］

（出典：現代法制資料編纂会編『戦時・軍事法令集』（国書刊行会、一九八四年）、一九五〜一九六頁原文はカタカナ）

【資料3】「周辺事態に際して我が国の平和及び安全を確保するための措置に関する法律」

（一九九九年五月二十八日　法律第六十号）

（目的）

第一条　この法律は、そのまま放置すれば我が国に対する直接の武力攻撃に至るおそれのある事態等我が国周辺の地域における我が国の平和及び安全に重要な影響を与える事態（以下「周辺事態」という。）に対応して我が国が実施する措置、その実施の手続その他の必要な事項を定め、日本国とアメリカ合衆国との間の相互協力及び安全保障条約（以下「日米安保条約」という。）の効果的な運用に寄与し、我が国の平和及び安全の確保に資することを目的とする。

（周辺事態への対応の基本原則）

第二条　政府は、周辺事態に際して、適切かつ迅速に、後方地域支援、後方地域捜索救助活動その他の周辺事態に対応するため必要な措置（以下「対応措置」という。）を実施し、我が国の平和及び安全の確保に努めるものとする。
2　対応措置の実施は、武力による威嚇又は武力の行使に当たるものであってはならない。
3　内閣総理大臣は、対応措置の実施に当たり、第四条第一項に規定する基本計画に基づいて、内閣を代表して行政各部を指揮監督する。
4　関係行政機関の長は、前条の目的を達成するため、対応措置の実施に関し、相互に協力するものとする。

（定義等）

第三条　この法律において、次の各号に掲げる用語の意義は、それぞれ当該各号に定めるところによる。
一　後方地域支援　周辺事態に際して日米安保条約の目的の達成に寄与する活動を行っているアメリカ合衆国の軍隊（以下「合衆国軍隊」という。）に対する物品及び役務の提供、便宜の供与その他の支援措置であって、後方地域において我が国が実施するものをいう。
二　後方地域捜索救助活動　周辺事態において行われた戦闘行為（国際的な武力紛争の一環として行われる人を殺傷し又は物を破壊する行為をいう。以下同じ。）によって遭難した戦闘参加者について、その捜索又は救助を行う活動（救助した者の輸送を含む。）であって、後方地域において我が国が実施するものをいう。
三　後方地域　我が国領域並びに現に戦闘行為が行われておらず、かつ、そこで実施される活動の期間を通じて戦闘行為が行われることがないと認められる我が国周辺の公海（海洋法に関する国際連合条約に規定する排他的経済水域を含む。以下同じ。）及びその上空の範囲をいう。
四　関係行政機関　次に掲げる機関で政令で定めるものをいう。
イ　内閣府並びに内閣府設置法（平成十一年法律第八十九号）第四十九条第一項及び第二項に規定する機関並びに国家行政組織法（昭和二十三年法律第百二十号）第三条第二項に規定する機関

ロ　内閣府設置法第四十条及び第五十六条並びに国家行政組織法第八条の三に規定する特別の機関

2　後方地域支援として行う自衛隊に属する物品の提供及び自衛隊による役務の提供（次項後段に規定するものを除く。）は、別表第一に掲げるものとする。

3　後方地域捜索救助活動は、自衛隊の部隊等（自衛隊法（昭和二十九年法律第百六十五号）第八条に規定する部隊等をいう。以下同じ。）が実施するものとする。この場合において、後方地域捜索救助活動を行う自衛隊の部隊等において、その実施に伴い、当該活動に相当する活動を行う合衆国軍隊の部隊に対して後方地域支援として行う自衛隊に属する物品の提供及び自衛隊による役務の提供は、別表第二に掲げるものとする。

（基本計画）

第四条　内閣総理大臣は、周辺事態に際して次に掲げる措置のいずれかを実施することが必要であると認めるときは、当該措置を実施すること及び対応措置に関する基本計画（以下「基本計画」という。）の案につき閣議の決定を求めなければならない。

一　前条第二項の後方地域支援

二　前号に掲げるもののほか、関係行政機関が後方地域支援として実施する措置であって特に内閣が関与することにより総合的かつ効果的に実施する必要があるもの

三　後方地域捜索救助活動

2　基本計画に定める事項は、次のとおりとする。

一　対応措置に関する基本方針

二　前項第一号又は第二号に掲げる後方地域支援を実施する場合における次に掲げる事項

イ　当該後方地域支援に係る基本的事項

ロ　当該後方地域支援の種類及び内容
ハ　当該後方地域支援を実施する区域の範囲及び当該区域の指定に関する事項
ニ　その他当該後方地域支援の実施に関する重要事項
三　後方地域捜索救助活動を実施する場合における次に掲げる事項
イ　当該後方地域捜索救助活動に係る基本的事項
ロ　当該後方地域捜索救助活動を実施する区域の範囲及び当該区域の指定に関する事項
ハ　当該後方地域捜索救助活動の実施に伴う前条第三項後段の後方地域支援の実施に関する重要事項（当該後方地域支援を実施する区域の範囲及び当該区域の指定に関する事項を含む。）
ニ　その他当該後方地域捜索救助活動の実施に関する重要事項
四　前二号に掲げるもののほか、自衛隊が実施する対応措置のうち重要なものの種類及び内容並びにその実施に関する重要事項
五　前三号に掲げるもののほか、関係行政機関が実施する対応措置のうち特に内閣が関与することにより総合的かつ効果的に実施する必要があるものの実施に関する重要事項
六　対応措置の実施について地方公共団体その他の国以外の者に対して協力を求め又は協力を依頼する場合におけるその協力の種類及び内容並びにその協力に関する重要事項
七　対応措置の実施のための関係行政機関の連絡調整に関する事項
3　第一項の規定は、基本計画の変更について準用する。

（国会の承認）

第五条　基本計画に定められた自衛隊の部隊等が実施する後方地域支援又は後方地域捜索救助活動については、内閣総理大臣は、これらの対応措置の実施前に、これらの対応措置を実施することにつき国会の承認

を得なければならない。ただし、緊急の必要がある場合には、国会の承認を得ないで当該後方地域支援又は後方地域捜索救助活動を実施することができる。

2　前項ただし書の規定により国会の承認を得ないで後方地域支援又は後方地域捜索救助活動を実施した場合には、内閣総理大臣は、速やかに、これらの対応措置の実施につき国会の承認を求めなければならない。

3　政府は、前項の場合において不承認の議決があったときは、速やかに、当該後方地域支援又は後方地域捜索救助活動を終了させなければならない。

（自衛隊による後方地域支援としての物品及び役務の提供の実施）

第六条　内閣総理大臣又はその委任を受けた者は、基本計画に従い、第三条第二項の後方地域支援としての自衛隊に属する物品の提供を実施するものとする。

2　防衛庁長官は、基本計画に従い、第三条第二項の後方地域支援としての自衛隊による役務の提供について、実施要項を定め、これについて内閣総理大臣の承認を得て、防衛庁本庁の機関又は自衛隊の部隊等にその実施を命ずるものとする。

3　防衛庁長官は、前項の実施要項において、当該後方地域支援を実施する区域（以下この条において「実施区域」という。）を指定するものとする。

4　防衛庁長官は、実施区域の全部又は一部がこの法律又は基本計画に定められた要件を満たさないものとなった場合には、速やかに、その指定を変更し、又はそこで実施されている活動の中断を命じなければならない。

5　第三条第二項の後方地域支援のうち公海又はその上空における輸送の実施を命ぜられた自衛隊の部隊等の長又はその指定する者は、当該輸送を実施している場所の近傍において、戦闘行為が行われるに至った場合又は付近の状況等に照らして戦闘行為が行われることが予測される場合には、当該輸送の実施を一時休止するなどして当該戦闘行為による危険を回避しつつ、前項の規定による措置を待つものとする。
6　第二項の規定は、同項の実施要項の変更（第四項の規定により実施区域を縮小する変更を除く。）について準用する。
（後方地域捜索救助活動の実施等）
第七条　防衛庁長官は、基本計画に従い、後方地域捜索救助活動について、実施要項を定め、これについて内閣総理大臣の承認を得て、自衛隊の部隊等にその実施を命ずるものとする。
2　防衛庁長官は、前項の実施要項において、当該後方地域捜索救助活動を実施する区域（以下この条において「実施区域」という。）を指定するものとする。
3　後方地域捜索救助活動を実施する場合において、戦闘参加者以外の遭難者が在るときは、これを救助するものとする。
4　後方地域捜索救助活動を実施する場合において、実施区域に隣接する外国の領海に在る遭難者を認めたときは、当該外国の同意を得て、当該遭難者の救助を行うことができる。ただし、当該海域において、現に戦闘行為が行われておらず、かつ、当該活動の期間を通じて戦闘行為が行われることがないと認められる場合に限る。
5　前条第四項の規定は実施区域の指定の変更及び活動の中断について、同条第五項の規定は後方地域捜索救助活動の実施を命ぜられた自衛隊の部隊等の長又はその指定する者について準用する。
6　第一項の規定は、同項の実施要項の変更（前項において準用する前条第四項の規定により実施区域を縮小する変更を除く。）について準用する。
7　前条の規定は、後方地域捜索救助活動の実施に伴う第三条第二項後段の後方地域支援について準用する。
（関係行政機関による対応措置の実施）

第八条　前二条に定めるもののほか、防衛庁長官及びその他の関係行政機関の長は、法令及び基本計画に従い、対応措置を実施するものとする。

（国以外の者による協力等）

第九条　関係行政機関の長は、法令及び基本計画に従い、地方公共団体の長に対し、その有する権限の行使について必要な協力を求めることができる。

2　前項に定めるもののほか、関係行政機関の長は、法令及び基本計画に従い、国以外の者に対し、必要な協力を依頼することができる。

3　政府は、前二項の規定により協力を求められ又は協力を依頼された国以外の者が、その協力により損失を受けた場合には、その損失に関し、必要な財政上の措置を講ずるものとする。

（国会への報告）

第十条　内閣総理大臣は、次の各号に掲げる事項を、遅滞なく、国会に報告しなければならない。

一　基本計画の決定又は変更があったときは、その内容

二　基本計画に定める対応措置が終了したときは、その結果

（武器の使用）

第十一条　第六条第二項（第七条第七項において準用する場合を含む。）の規定により後方地域支援としての自衛隊の役務の提供の実施を命ぜられた自衛隊の部隊等の自衛官は、その職務を行うに際し、自己又は自己と共に当該職務に従事する者の生命又は身体の防護のためやむを得ない必要があると認める相当の理由がある場合には、その事態に応じ合理的に必要と判断される限度で武器を使用することができる。

2　第七条第一項の規定により後方地域捜索救助活動の実施を命ぜられた自衛隊の部隊等の自衛官は、遭難者の救助の職務を行うに際し、自己又は自己と共に当該職務に従事する者の生命又は身体の防護のためや

むを得ない必要があると認める相当の理由がある場合には、その事態に応じ合理的に必要と判断される限度で武器を使用することができる。

3　前二項の規定による武器の使用に際しては、刑法（明治四十年法律第四十五号）第三十六条又は第三十七条に該当する場合のほか、人に危害を与えてはならない。

（政令への委任）

第十二条　この法律に特別の定めがあるもののほか、この法律の実施のための手続その他この法律の施行に関し必要な事項は、政令で定める。

別表第一（第三条関係）

種類	内容
補給	給水、給油、食事の提供並びにこれらに類する物品及び役務の提供
輸送	人員及び物品の輸送、輸送用資材の提供並びにこれらに類する物品及び役務の提供
修理及び整備	修理及び整備、修理及び整備用機器並びに部品及び構成品の提供並びにこれらに類する物品及び役務の提供
医療	傷病者に対する医療、衛生機具の提供並びにこれらに類する物品及び役務の提供
通信	通信設備の利用、通信機器の提供並びにこれらに類する物品及び役務の提供
空港及び港湾業務	航空機の離発着及び船舶の出入港に対する支援、積卸作業並びにこれらに類する物品及び役務の提供
基地業務	廃棄物の収集及び処理、給電並びにこれらに類する物品及び役務の提供

備考

一　物品の提供には、武器（弾薬を含む。）の提供を含まないものとする。

二　物品及び役務の提供には、戦闘作戦行動のために発進準備中の航空機に対する給油及び整備を含まないものとする。

三　物品及び役務の提供は、公海及びその上空で行われる輸送（傷病者の輸送中に行われる医療を含む。）を除き、我が国領域において行われるものとする。

別表第二（第三条関係）

種類	内容
補給	給水、給油、食事の提供並びにこれらに類する物品及び役務の提供
輸送	人員及び物品の輸送、輸送用資材の提供並びにこれらに類する物品及び役務の提供
修理及び整備	修理及び整備、修理及び整備用機器並びに物品及び構成品の提供並びにこれらに類する物品及び役務の提供
医療	傷病者に対する医療、衛生機具の提供並びにこれらに類する物品及び役務の提供
通信	通信設備の利用、通信機器の提供並びにこれらに類する物品及び役務の提供
宿泊	宿泊設備の利用、寝具の提供並びにこれらに類する物品及び役務の提供
消毒	消毒、消毒機具の提供並びにこれらに類する物品及び役務の提供

備考

一　物品の提供には、武器（弾薬を含む。）の提供を含まないものとする。

二　物品及び役務の提供には、戦闘作戦行動のために発進準備中の航空機に対する給油及び整備を含まないものとする。

【資料4】「テロ対策特別措置法」（二〇〇一年一〇月二九日成立）

平成十三年九月十一日のアメリカ合衆国において発生したテロリストによる攻撃等に対応して行われる国際連合憲章の目的達成のための諸外国の活動に対して我が国が実施する措置及び関連する国際連合決議等に基づく人道的措置に関する特別措置法

（目的）

第一条　この法律は、平成十三年九月十一日にアメリカ合衆国において発生したテロリストによる攻撃（以下「テロ攻撃」という。）が国際連合安全保障理事会決議第千三百六十八号において国際の平和及び安全に対する脅威と認められたことを踏まえ、あわせて、同理事会決議第千二百六十七号、第千二百六十九号、第千三百三十三号その他の同理事会決議が、国際的なテロリズムの行為を非難し、国際連合のすべての加盟国に対しその防止等のために適切な措置をとることを求めていることにかんがみ、我が国が国際的なテロリズムの防止および根絶のための国際社会の取組に積極的かつ主体的に寄与するため、次に掲げる事項を定め、もって我が国を含む国際社会の平和及び安全の確保に資することを目的とする。

一　テロ攻撃によってもたらされている脅威の除去に努めることにより国際連合憲章の目的の達成に寄与するアメリカ合衆国その他の外国の軍隊その他これに類する組織（以下「諸外国の軍隊等」という。）の活動に対して我が国が実施する措置、その実施の手続その他の必要な事項

二　国際連合の総会、安全保障理事会若しくは経済社会理事会が行う決議又は国際連合、国際連合の総会によって設立された機関若しくは国際連合の専門機関若しくは国際移住機関（以下「国際連合等」という。）が行う要請に基づき、我が国が人道的精神に基づいて実施する措置、その実施の手続その他の必要な事項

（基本原則）

第二条　政府は、この法律に基づく協力支援活動、捜索救助活動、被災民救援活動その他の必要な措置（以下「対応措置」という。）を適切かつ迅速に実施することにより、国際的なテロリズムの防止及び根絶のための国際社会の取組に我が国として積極的かつ主体的に寄与し、もって我が国を含む国際社会の平和及び安全の確保に努めるものとする。

2　対応措置の実施は、武力による威嚇又は武力の行使に当たるものであってはならない。

3　対応措置については、我が国領域及び現に戦闘行為（国際的な武力紛争の一環として行われる人を殺傷し又は物を破壊する行為をいう。以下同じ。）が行われておらず、かつ、そこで実施される活動の期間を通じて戦闘行為が行われることがないと認められる次に掲げる地域において実施するものとする。

一　公海（海洋法に関する国際連合条約に規定する排他的経済水域を含む。第六条第五項において同じ。）及びその上空

二　外国の領域（当該対応措置が行われることについて当該外国の同意がある場合に限る。）

4　内閣総理大臣は、対応措置の実施に当たり、第四条第一項に規定する基本計画に基づいて、内閣を代表して行政各部を指揮監督する。

5　関係行政機関の長は、前条の目的を達成するため、対応措置の実施に関し、相互に協力するものとする。

（定義等）

第三条　この法律において、次の各号に掲げる用語の意義は、それぞれ当該各号に定めるところによる。

一　協力支援活動　諸外国の軍隊等に対する物品及び役務の提供、便宜の供与その他の措置であって、我が国が実施するものをいう。

二　捜索救助活動　諸外国の軍隊等の活動に際して行われた戦闘行為によって遭難した戦闘参加者につい

て、その捜索又は救助を行う活動（救助した者の輸送を含む）であって、我が国が実施するものをいう。
三　被災民救援活動　テロ攻撃に関連し、国際連合の総会、安全保障理事会若しくは経済社会理事会が行う決議又は国際連合等が行う要請に基づき、被害を受け又は受けるおそれがある住民その他の者（以下「被災民」という）の救援のために実施する食糧、衣料、医薬品その他の生活関連物資の輸送、医療その他の人道的精神に基づいて行われる活動であって、我が国が実施するものをいう。
四　関係行政機関　次に掲げる機関で政令で定めるものをいう。
イ　内閣府並びに内閣府設置法（平成十一年法律第八十九号）第四九条第一項及び第二項に規定する機関並びに国家行政組織法（昭和二十三年法律第百二十号）第三条第二項に規定する機関
ロ　内閣府設置法第四〇条及び第五六条並びに国家行政組織法第八条の三に規定する特別の機関
2　協力支援活動として行う自衛隊に属する物品の提供及び自衛隊による役務の提供（次項後段に規定するものを除く。）は、別表第一に掲げるものとする。
3　捜索救助活動は、自衛隊の部隊等（自衛隊法〈昭和二十九年法律第百六十五号〉第八条に規定する部隊等をいう。以下同じ）が実施するものとする。この場合において、捜索救助活動を行う自衛隊の部隊等において、その実施に伴い、当該活動に相当する活動を行う諸外国の軍隊等の部隊等に対して協力支援活動として行う自衛隊に属する物品の提供及び自衛隊による役務の提供は、別表第二に掲げるものとする。

（基本計画）
第四条　内閣総理大臣は、次に掲げる対応措置のいずれかを実施することが必要であると認めるときは、当該対応措置を実施すること及び対応措置に関する基本計画（以下「基本計画」という。）の案につき閣議の決定を求めなければならない。
一　前条第二項の協力支援活動

二　前号に掲げるもののほか、関係行政機関が協力支援活動として実施する措置であって特に内閣が関与することにより総合的かつ効果的に実施する必要があるもの
三　捜索救助活動
四　自衛隊による被災民救援活動
五　前号に掲げるもののほか、関係行政機関が被災民救援活動として実施する措置であって特に内閣が関与することにより総合的かつ効果的に実施する必要があるもの

2　基本計画に定める事項は、次のとおりとする。
一　対応措置に関する基本方針
二　前項第一号又は第二号に掲げる協力支援活動を実施する場合における次に掲げる事項
イ　当該協力支援活動に係る基本的事項
ロ　当該協力支援活動の種類及び内容
ハ　当該協力支援活動を実施する区域の範囲及び当該区域の指定に関する事項
ニ　当該協力支援活動を自衛隊が外国の領域で実施する場合には、当該活動を外国の領域で実施する自衛隊の部隊等の規模及び構成並びに装備並びに派遣期間
ホ　関係行政機関がその事務又は事業の用に供し又は供していた物品以外の物品を調達して諸外国の軍隊等に譲与する場合には、その実施に係る重要事項
へ　その他当該協力支援活動の実施に関する重要事項
三　捜索救助活動を実施する場合における次に掲げる事項
イ　当該捜索救助活動に係る基本的事項
ロ　当該捜索救助活動を実施する区域の範囲及び当該区域の指定に関する事項

ハ　当該捜索救助活動の実施に伴う前条第三項後段の協力支援活動の実施に関する重要事項（当該協力支援活動を実施する区域の範囲及び当該区域の指定に関する事項を含む。）
ニ　当該捜索救助活動を自衛隊が外国の領域で実施する場合には、当該活動を外国の領域で実施する自衛隊の部隊等の規模及び構成並びに装備並びに派遣期間
ホ　その他当該捜索救助活動の実施に関する重要事項
四　前項第四号又は第五号に掲げる被災民救援活動を実施する場合における次に掲げる事項
イ　当該被災民救援活動に係る基本的事項
ロ　当該被災民救援活動の種類及び内容
ハ　当該被災民救援活動を実施する区域の範囲及び当該区域の指定に関する事項
ニ　当該被災民救援活動を自衛隊が外国の領域で実施する場合には、当該活動を外国の領域で実施する自衛隊の部隊等の規模及び構成並びに装備並びに派遣期間
ホ　関係行政機関がその事務又は事業の用に供し又は供していた物品以外の物品を調達して国際連合等に譲与する場合には、その実施に係る重要事項
ヘ　その他当該被災民救援活動の実施に関する重要事項
五　前三号に掲げるもののほか、自衛隊が実施する対応措置のうち重要なものの種類及び内容並びにその実施に関する重要事項
六　第二号から前号までに掲げるもののほか、関係行政機関が実施する対応措置のうち特に内閣が関与することにより総合的かつ効果的に実施する必要があるものの実施に関する重要事項
七　対応措置の実施のための関係行政機関の連絡調整に関する事項
3　第一項の規定は、基本計画の変更について準用する。

4　対応措置を外国の領域で実施する場合には、当該外国と協議して、実施する区域の範囲を定めるものとする。

（国会の承認）

第五条　内閣総理大臣は、基本計画に定められた自衛隊の部隊等が実施する協力支援活動、捜索救助活動又は被災民救援活動については、これらの対応措置を開始した日（防衛庁長官が次条第二項、第七条第一項又は第八条第一項の規定によりこれらの対応措置の実施を自衛隊の部隊等に命じた日をいう。）から二十日以内に国会に付議して、これらの対応措置の実施につき国会の承認を求めなければならない。ただし、国会が閉会中の場合又は衆議院が解散されている場合には、その後最初に召集される国会において、速やかに、その承認を求めなければならない。

2　政府は、前項の場合において不承認の議決があったときは、速やかに、当該協力支援活動、捜索救助活動又は被災民救援活動を終了させなければならない。

（自衛隊による協力支援活動としての物品及び役務の提供の実施）

第六条　内閣総理大臣又はその委任を受けた者は、基本計画に従い、第三条第二項の協力支援活動としての自衛隊に属する物品の提供を実施するものとする。

2　防衛庁長官は、基本計画に従い、第三条第二項の協力支援活動としての自衛隊による役務の提供について、実施要項を定め、これについて内閣総理大臣の承認を得て、防衛庁本庁の機関又は自衛隊の部隊等にその実施を命ずるものとする。

3　防衛庁長官は、前項の実施要項において、当該協力支援活動を実施する区域（以下この条において「実施区域」という。）を指定するものとする。

4　防衛庁長官は、実施区域の全部又は一部がこの法律又は基本計画に定められた要件を満たさないものとなった場合には、速やかに、その指定を変更し、又はそこで実施されている活動の中断を命じなければならない。
5　第三条第二項の協力支援活動のうち公海若しくはその上空又は外国の領域における活動の実施を命ぜられた自衛隊の部隊等の長又はその指定する者は、当該協力支援活動を実施している場所の近傍において、戦闘行為が行われるに至った場合又は付近の状況等に照らして戦闘行為が行われることが予測される場合には、当該協力支援活動の実施を一時休止し又は避難するなどして当該戦闘行為による危険を回避しつつ、前項の規定による措置を待つものとする。
6　第二項の規定は、同項の実施要項の変更（第四項の規定により実施区域を縮小する変更を除く。）について準用する。

（捜索救助活動の実施等）
第七条　防衛庁長官は、基本計画に従い、捜索救助活動について、実施要項を定め、これについて内閣総理大臣の承認を得て、自衛隊の部隊等にその実施を命ずるものとする。
2　防衛庁長官は、前項の実施要項において、当該捜索救助活動を実施する区域（以下この条において「実施区域」という。）を指定するものとする。
3　捜索救助活動を実施する場合において、戦闘参加者以外の遭難者が在るときは、これを救助するものとする。
4　前条第四項の規定は実施区域の指定の変更及び活動の中断について、同条第五項の規定は捜索救助活動の実施を命ぜられた自衛隊の部隊等の長又はその指定する者について準用する。
5　第一項の規定は、同項の実施要項の変更（前項において準用する前条第四項の規定により実施区域を縮小する変更を除く。）について準用する。

6　前条の規定は、捜索救助活動の実施に伴う第三条第三項後段の協力支援活動について準用する。

（自衛隊による被災民救援活動の実施）

第八条　防衛庁長官は、基本計画に従い、自衛隊による被災民救援活動について、実施要項を定め、これについて内閣総理大臣の承認を得て、自衛隊の部隊等にその実施を命ずるものとする。

2　防衛庁長官は、前項の実施要項において、当該被災民救援活動を実施する区域（以下この条において「実施区域」という。）を指定するものとする。

3　第六条第四項の規定は実施区域の指定の変更及び活動の中断について、同条第五項の規定は被災民救援活動の実施を命ぜられた自衛隊の部隊等の長又はその指定する者について準用する。

4　第一項の規定は、同項の実施要項の変更（前項において準用する第六条第四項の規定により実施区域を縮小する変更を除く。）について準用する。

（関係行政機関による対応措置の実施）

第九条　前二条に定めるもののほか、防衛庁長官及びその他の関係行政機関の長は、法令及び基本計画に従い、協力支援活動、被災民救援活動その他の対応措置を実施するものとする。

（物品の無償貸し付け及び譲与）

第十条　内閣総理大臣及び各省大臣又はそれらの委任を受けた者は、その所管に属する物品（武器〈弾薬を含む〉を除く。）につき、諸外国の軍隊等又は国際連合等からその活動の用に供するため当該物品の無償貸し付け又は譲与を求める旨の申し出があった場合において、当該活動の円滑な実施に必要であると認めるときは、その所掌事務に支障を生じない限度において、当該申し出に係る物品を当該諸外国の軍隊等又は国際連合等に対し無償で貸し付け、又は譲与することができる。

（国会への報告）

第十一条　内閣総理大臣は、次の各号に掲げる事項を、遅滞なく、国会に報告しなければならない。
一　基本計画の決定又は変更があったときは、その内容
二　基本計画に定める対応措置が終了したときは、その結果

（武器の使用）
第十二条　協力支援活動、捜索救助活動又は被災民救援活動の実施を命ぜられた自衛隊の部隊等の自衛官は、自己又は自己と共に現場に所在する他の自衛隊員若しくはその職務を行うに伴い自己の管理の下に入った者の生命又は身体の防護のためやむを得ない必要があると認める相当の理由がある場合には、その事態に応じ合理的に必要と判断される限度で、武器を使用することができる。
2　前項の規定による武器の使用は、現場に上官が在るときは、その命令によらなければならない。ただし、生命又は身体に対する侵害又は危難が切迫し、その命令を受けるいとまがないときは、この限りでない。
3　第一項の場合において、当該現場に在る上官は、統制を欠いた武器の使用によりかえって生命若しくは身体に対する危険又は事態の混乱を招くこととなることを未然に防止し、当該武器の使用が第一項及び次項の規定に従いその目的の範囲内において適正に行われることを確保する見地から必要な命令をするものとする。
4　第一項の規定による武器の使用に際しては、刑法（明治四十年法律第四十五号）第三十六条又は第三十七条に該当する場合のほか、人に危害を与えてはならない。

（政令への委任）
第十三条　この法律に特別の定めがあるもののほか、この法律の実施のための手続その他この法律の施行に関し必要な事項は、政令で定める。

付則

（施行期日）

1　この法律は、公布の日から施行する。

（自衛隊法の一部改正）

2　自衛隊法の一部を次のように改正する。

付則中第三十一項を第三十三項とし、第十七項から第三十項までを二項ずつ繰り下げ、第十六項の次に次の二項を加える。

17　内閣総理大臣又はその委任を受けた者は、平成十三年九月十一日のアメリカ合衆国において発生したテロリストによる攻撃等に対応して行われる国際連合憲章の目的達成のための諸外国の活動に対して我が国が実施する措置及び関連する国際連合決議等に基づく人道的措置に関する特別措置法がその効力を有する間、同法の定めるところにより、自衛隊の任務遂行に支障を生じない限度において、協力支援活動としての物品の提供を実施することができる。

18　長官は、平成十三年九月十一日のアメリカ合衆国において発生したテロリストによる攻撃等に対応して行われる国際連合憲章の目的達成のための諸外国の活動に対して我が国が実施する措置及び関連する国際連合決議等に基づく人道的措置に関する特別措置法がその効力を有する間、同法の定めるところにより、自衛隊の任務遂行に支障を生じない限度において、防衛庁本庁の機関及び部隊等に協力支援活動としての役務の提供を、部隊等に捜索救助活動又は被災民救援活動を行わせることができる。

3　この法律は、施行の日から起算して二年を経過した日に、その効力を失う。ただし、その日より前に、対応措置を実施する必要がないと認められるに至ったときは、速やかに廃止するものとする。

4　前項の規定にかかわらず、施行の日から起算して二年を経過する日以後においても対応措置を実施する必要があると認められるに至ったときは、別に法律で定めるところにより、同日から起算して二年以内の期間を定めて、その効力を延長することができる。

5　前項の規定は、同項（この項において準用する場合を含む。）の規定により効力を延長した後その定めた期間を経過しようとする場合について準用する。

別表第一（第三条関係）

種類	内容
補給	給水、給油、食事の提供並びにこれらに類する物品及び役務の提供
輸送	人員及び物品の輸送、輸送用資材の提供並びにこれらに類する物品及び役務の提供
修理及び整備	修理及び整備、修理及び整備用機器並びに部品及び構成品の提供並びにこれらに類する物品及び役務の提供
医療	傷病者に対する医療、衛生機具の提供並びにこれらに類する物品及び役務の提供
通信	通信設備の利用、通信機器の提供並びにこれらに類する物品及び役務の提供
空港及び港湾業務	航空機の離発着及び船舶の出入港に対する支援、積卸作業並びにこれらに類する物品及び役務の提供
基地業務	廃棄物の収集及び処理、給電並びにこれらに類する物品及び役務の提供

備考

一　物品の提供には、武器（弾薬を含む。）の提供を含まないものとする。

二　物品および役務の提供には、戦闘作戦行動のために発進準備中の航空機に対する給油および整備を含まないものとする。

三　物品の輸送には、外国の領域における武器（弾薬を含む。）の陸上輸送を含まないものとする。

別表第二（第三条関係）

種類	内容
補給	給水、給油、食事の提供並びにこれらに類する物品及び役務の提供
輸送	人員及び物品の輸送、輸送用資材の提供並びにこれらに類する物品及び役務の提供
修理及び整備	修理及び整備、修理及び整備用機器並びに物品及び構成品の提供並びにこれらに類する物品及び役務の提供
医療	傷病者に対する医療、衛生機具の提供並びにこれらに類する物品及び役務の提供
通信	通信設備の利用、通信機器の提供並びにこれらに類する物品及び役務の提供
宿泊	宿泊設備の利用、寝具の提供並びにこれらに類する物品及び役務の提供
消毒	消毒、消毒機具の提供並びにこれらに類する物品及び役務の提供

備考

一　物品の提供には、武器（弾薬を含む。）の提供を含まないものとする。

二　物品および役務の提供には、戦闘作戦行動のために発進準備中の航空機に対する給油および整備を含まないものとする。

三　物品の輸送には、外国の領域における武器（弾薬を含む。）の陸上輸送を含まないものとする。

あとがき

二〇〇一年は、有事法制問題についても、実にドラスティックな動きが目立った年となった。とりわけ、九月一一日の同時多発テロ事件で、有事法制の整備への動きに一層の拍車がかかったことは間違いない。テロ対策関連三法が、審議らしい審議を得ないまま一気呵成に成立し、これを受けて一一月九日には海上自衛隊の第二護衛艦隊旗艦である護衛艦「くらま」が同「きりさめ」と補給艦「はまな」を随伴させて佐世保港から出港した。さらに、同月二五日には護衛艦「さわぎり」、補給艦「とわだ」、掃海母艦「うらが」が、佐世保・呉・横須賀のそれぞれ港から出航した。

このうち、「さわぎり」「くらま」「うらが」の三隻は、アフガン空爆を行ったアメリカの空母機動部隊に合流するために、インド洋に向け文字通り〝出撃〟したのである。海上自衛隊の艦艇が空爆機の発進する〝海上発進基地〟周辺に展開し、軍事作戦に参加するのは、言うまでもなく戦後最初のことである。しかも、これを一一月二六日、国会は型通りに事後承認した。一二月七日に「改正」されたPKO法をも含め、この国と政府は、実にあっけなく「参戦国家」「派兵国家」へと大きく舵を切ったのである。そのことの意味の大きさを、この舵取りを判断した人たちは、どれだけ真剣に問うたのであろうか。疑わしい限りである。テロ事件や今回の不審船事件は、「参戦国家」「派兵国家」への方向づけを、確かに後押しをするものであったが、その方向性は戦後着々と進められてきた現実も、あらためて痛感せざる得なかった。

私は、一人の歴史研究者として、このような有事法制をめぐる現状をただ単に後追いするだけでなく、有事法制の問題を近代国家の展開史とその構造のなかに求める作業の必要性を、この間一貫して痛感してきた。その思いから何本かの論文を発表してきたが、その成果を基礎にして、さらに戦後から今日に至る連綿と続く政府・防衛庁などの有事法制研究の系譜を辿りつつ、近い将来一体どのような内実を伴った有事法制が整備されるのかを探ろうとしてきた。それで、本書は有事法制の歴史と現状を一貫して把握するための基礎的作業としてある。

確かに、有事法制をめぐる状況は、ここに来てさらに急ピッチとなっており、本書が出版される三月の末には、新たな有事法制が国会に上程され、審議が開始されている可能性は極めて高い。私たちは、その勢いに臆することなく、むしろこのような時にこそ非武装中立を謳った現行憲法の平和理念と平和実現の方途に学びながら、この国が有事法制によって再び強面の軍事国家へと変貌していくことを阻まなければならない。有事法制によって鎧を逞しくした国家が、この国の人々だけでなく多くの他国の人々の平和と人権を護るものでなかったことを、繰り返し有事法制の歴史を振り返ることで確認したいと思う。

最後になってしまったが、今回もまた『検証・新ガイドライン安保体制』に続き、インパクト出版会の深田さんのお世話になった。いつも通りの言葉ながら、繰り返しお礼を申し述べたいと思う。

二〇〇二年二月

纐纈　厚

著者紹介

纐纈厚（こうけつ・あつし）1951年岐阜県生まれ。

現在、山口大学人文学部教員（現代政治社会論・近現代日本政治史）

著　書

『総力戦体制研究』三一書房、1981年

『近代日本の政軍関係』大学教育社、1987年

『防諜政策と民衆』昭和出版、1991年

『現代政治の課題』北樹出版、1994年

『日本海軍の終戦工作』（新書）中央公論社、1996年

『検証・新ガイドライン安保体制』インパクト出版会、1998年

『日本陸軍の総力戦政策』大学教育出版、1999年

『侵略戦争』（新書）筑摩書房、1999年

『周辺事態法』社会評論社、2000年

『有事法の罠にだまされるな!!』凱風社、2002年

主要共著

『明治国家の苦悩と変容』北樹出版、1979年

『政治に干与した軍人たち』（新書）有斐閣、1982年

『現代史と「国家秘密法」』未来社、1985年

『沖縄戦と天皇制』立風書房、1987年

『叢論日本天皇制Ⅱ』柘植書房、1987年

『十五年戦争史３　太平洋戦争』青木書店、1987年

『沖縄戦－国土が戦場になったとき』青木書店、1987年

『東郷元帥は何をしたか』高文研、1989年

『日本近代史の虚像と実像２』大月書店、1990年

『遅すぎた聖断』昭和出版、1991年

『新視点　日本の歴史７』新人物往来社、1993年

『昭和20年 1945』小学館、1995年

『近代日本の軌跡５ 太平洋戦争』吉川弘文館、1995年

有事法制とは何か

2002年3月25日　第１刷発行

2003年8月10日　第３刷発行

著　者　纐 纈　厚

発行人　深 田　卓

装幀者　藤 原 邦 久

発　行　㈱インパクト出版会

東京都文京区本郷2-5-11 服部ビル

Tel03-3818-7576 Fax03-3818-8676

E-mail：impact@jca.apc.org

郵便振替　00110-9-83148

モリモト印刷